SINK THE TIRPITZ 1942–44

The RAF and Fleet Air Arm duel with Germany's mighty battleship

火枪手阅读计划
Reading Plan of Musketeers

机械工业出版社
CHINA MACHINE PRESS

书中单位换算关系

英文	中文	换算关系
in	英寸	1in=0.0254m
ft	英尺	1ft=0.3048m
yd	码	1yd=0.914m
mile	英里	1mile=1609.34m
n mile	海里	1n mile=1852m
kn	节	1kn=1n mile/h=1.852km/h
lb	磅	1lb=0.454kg
hp	英制马力	1hp=0.746kW
shp	轴马力	1shp=1hp=0.746kW
gal	英制加仑	1gal=4.55L

本书译者

参与本书翻译工作的有王大风、严晓峰、吴希楠、王行健、邢鹏和常旸。

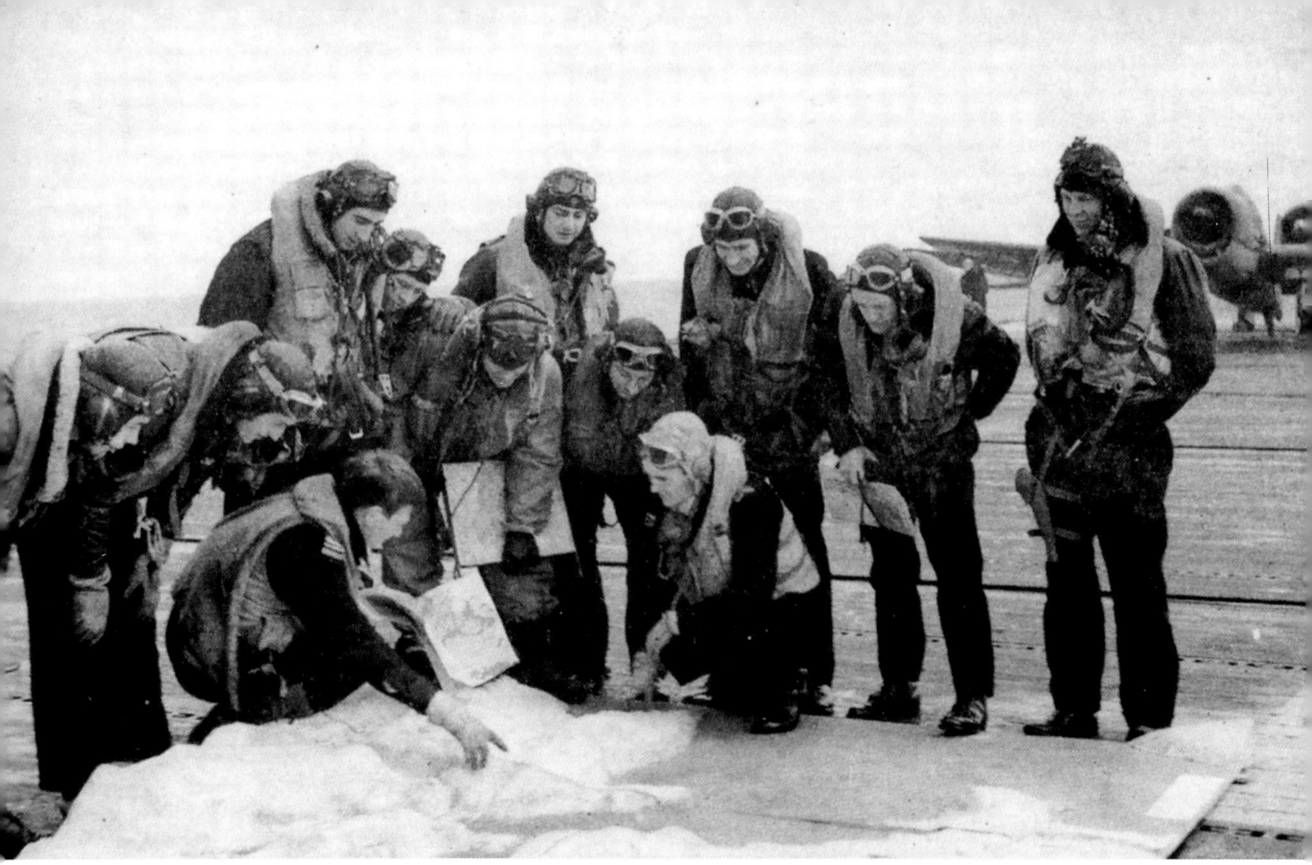

鱼鹰军事经典译丛

二战巅峰对决

猎杀"提尔皮茨"号战列舰

[英] 安格斯·科斯塔姆（Angus Konstam） 著

王大风　严晓峰　吴希楠　等译

《二战巅峰对决：猎杀"提尔皮茨"号战列舰》从攻击者的实力、防御者的实力、作战目标和作战过程等维度，全景剖析了英国皇家空军轰炸机部队和皇家海军航空兵针对德国海军"提尔皮茨"号战列舰开展的一系列空袭行动。

本书由英国权威战史专家安格斯·科斯塔姆撰写，作者立足保存至今的战时资料，力求以严谨、专业、客观的视角，还原空袭"提尔皮茨"号战列舰系列行动的真实情况。此外，作者还精选了近百幅珍贵历史照片以及多幅彩绘场景图和示意图，极具观赏和收藏价值。

本书是广大军事爱好者、历史爱好者和模型爱好者不可错过的经典军事科普读物。

SINK THE TIRPITZ 1942-44/ by Angus Konstam / ISBN: 978-1-4728-3159-0
©Osprey Publishing, 2018
All rights reserved.
This edition published by China Machine Press by arrangement with Osprey Publishing, an imprint of Bloomsbury Publishing PLC.
This title is published in China by China Machine Press with license from Osprey Publishing. This edition is authorized for sale in China only, excluding Hong Kong SAR, Macao SAR and Taiwan. Unauthorized export of this edition is a violation of the Copyright Act. Violation of this Law is subject to Civil and Criminal Penalties.

本书由Osprey Publishing授权机械工业出版社在中华人民共和国国境内（不包括香港、澳门特别行政区及台湾地区）出版与发行。未经许可的出口，视为违反著作权法，将受法律制裁。

北京市版权局著作权合同登记　图字：01-2019-0273号。

图书在版编目（CIP）数据

二战巅峰对决：猎杀"提尔皮茨"号战列舰／（英）安格斯·科斯塔姆（Angus Konstam）著；王大风等译 . —北京：机械工业出版社，2020.11（2021.11 重印）
（鱼鹰军事经典译丛）
书名原文：ACM7：Sink the Tirpitz 1942-44：The RAF and Fleet Air Arm Battle with Germany's Mighty Battleship
ISBN 978-7-111-66830-5

Ⅰ.①二… Ⅱ.①安…②王… Ⅲ.①第二次世界大战 – 战列舰 – 介绍 – 德国　Ⅳ.① E925.61

中国版本图书馆 CIP 数据核字（2020）第 205956 号

机械工业出版社（北京市百万庄大街22号　邮政编码100037）
策划编辑：孟　阳　责任编辑：孟　阳
责任校对：李　伟　责任印制：孙　炜
北京利丰雅高长城印刷有限公司印刷
2021年11月第1版第2次印刷
184mm×260mm·6.25 印张·2 插页·196 千字
1 901—4 400 册
标准书号：ISBN 978-7-111-66830-5
定价：58.00 元

电话服务　　　　　　　　　网络服务
客服电话：010-88361066　　机　工　官　网：www.cmpbook.com
　　　　　010-88379833　　机　工　官　博：weibo.com/cmp1952
　　　　　010-68326294　　金　书　网：www.golden-book.com
封底无防伪标均为盗版　　　机工教育服务网：www.cmpedu.com

二战巅峰对决

目　录

书中单位换算关系	2
引言	6
大事年表	8
攻击者的实力 目标：击沉一艘战列舰	10
防御者的实力 峡湾中的堡垒	19
作战目标 保卫北极航线	27
作战过程 目标："提尔皮茨"号战列舰	32
尾声与分析	90
扩展阅读书目	96
关于本书所涉计时系统的说明	97

引 言

▲ 这幅照片摄于1942年夏末,"提尔皮茨"号战列舰锚泊在纳尔维克(Narvik)附近的博根峡湾(Bogenfjord)。由于超出大多数英军轰炸机的作战范围,这处风景如画的峡湾成为德国海军的理想掩蔽所和修理基地

1941年5月,全世界的目光都聚焦在德国战列舰"俾斯麦"号(Bismarck)身上,她(原文为 her,按西方国家传统,一般用女性第三人称代词指代船舶,以下不再说明,译者注)在大西洋上的巡航之旅历时虽短,但对盟军形成了巨大威胁。"俾斯麦"号是当时最现代化的战舰之一,纳粹宣传机构宣称她"永不沉没"。不过那只是战争狂人们的一厢情愿,她最终在英国皇家海军的围猎中葬身海底。当然,英国人也为这场胜利付出了高昂的代价——"胡德"号(Hood)战列巡洋舰被击沉,全舰只有3人生还。更令英国海军部苦恼的是,"俾斯麦"号还有一艘姊妹舰——"提尔皮茨"号(Tirpitz),("俾斯麦"号战沉时)她正在波罗的海(Baltic)进行海试。"提尔皮茨"号同样拥有击沉英国本土舰队任何一艘主力舰的强大战斗力,她一旦与其他德国主力舰组成舰队,就可能改变海上战争的局势。

"提尔皮茨"号在建造阶段就遭到了有针对性的空袭,但那些行动多半只是草草了事,并没有什么成效。对同盟国而言,1941年6月德国入侵苏联后,"提尔皮茨"号就不仅仅是理论上的威胁了。两个月后,第一批北极护航船队驶入阿尔汉格尔斯克港(原文为 Archangel,现为 Archangelsk,译者注),商船满载着来自英国、加拿大和美国的武器与补给物资,给苏联带去了战胜德国的希望和"火种"。这条海上生命线是世界外交和军事史上的一大壮举。1942年1月,"提尔皮茨"号部署到挪威海域,对北极航线构成了严重威胁,丘吉尔(Churchill)下令不惜一切代价击沉她。然而,皇家海军舰艇只能在"提尔皮茨"号出海时才有机会放手一搏,因此更现实的选择是空袭。于是,英国人将目标锁定在挪威峡湾(Norwegian fjord)尽头的海港,那里是"提尔皮茨"号的巢穴。

为保障北极航线上的商船免遭"提尔皮茨"号袭扰,英国本土舰队不惜派出战列舰和航空母舰参与护航。由于谨慎的德国人极少让"提尔皮茨"号出海,英国人要想发动行之有效的空袭,就必须对作战机型和弹药做出周密规划,同时对飞行员开展有针对性的战术训练。

围绕"提尔皮茨"号的空袭行动间续开展了两年半之久,来自英国皇家空军和海军的数百架轰炸机、舰载机挂载着各类弹药参与其中。由于"提尔皮茨"号辗转于挪威海域的多个港口,空袭行动可谓举步维艰。行动策划者要考虑诸多因素,包括目标距离、锚泊地周边的防御体系和地形地貌,还有挪威极端多变的气候,以及不同季节昼夜更迭时间的巨大差异。就算上述问题都能圆满解决,他们最终还要直面强大的"提尔皮茨"号,她是当时世界上综合防御能力最强的战舰之一,舰体密布高射炮位。最棘手的问题是目标距离:"提尔皮茨"号通常驻泊在特隆赫姆(Trondheim)附近的法滕峡湾(Faettenfjord),这里处于苏格兰东北部空军基地的英军重型轰炸机作战范围内,但当她转移到卡亚峡湾(Kaafjord,位于挪威最北部阿尔滕峡湾延伸出的尖端)时,就超出了英军重型轰炸机的作战范围,行动策划者必须为此随时调整空袭方案。

第二次世界大战期间,围绕"提尔皮茨"号开展的一系列空袭行动持续时间之久,可谓无出其右,因为这艘德国战列舰展现出了超乎寻常的顽强生命力。在战争的大部分时间里,"提尔皮茨"号作为德国"存在舰队"(Fleet in Being)的一员发挥了不可替代的作用,她迫使盟军投入大批原本能在其他战场发挥更大作用的战舰遂行防御任务。1944年11月,"提尔皮茨"号迎来"末日审判",来自英国皇家空军第617中队(绰号Dambusters,水坝破坏者)的轰炸机投下的巨型炸弹使她彻底倾覆。"提尔皮茨"号的服役生涯或许不像姊妹舰"俾斯麦"号那般风光,但她的寿命更持久,对战争进程的影响也大得多。

▼ 这幅照片摄于威廉港(Wilhelm shaven)海军造船厂内的龙门吊上,展现了处于早期建造阶段的"提尔皮茨"号战列舰。可见位于厚重水平装甲板上的建筑已具雏形,这层装甲板位于最上甲板之下两层。此外,主炮和副炮的炮塔座圈均已安装到位

大事年表

1936 年
11 月 2 日，"提尔皮茨"号战列舰在威廉港（Wilhelm shaven）开工。

1939 年
4 月 1 日，"提尔皮茨"号战列舰下水。
9 月 3 日，英国对德国宣战。

1940 年
10 月 8—9 日，英国皇家空军轰炸机部队空袭威廉港，未击中"提尔皮茨"号战列舰。

1941 年
1 月 8—9 日，英国皇家空军轰炸机部队空袭威廉港，未击中"提尔皮茨"号战列舰。
1 月 29—30 日，英国皇家空军轰炸机部队空袭威廉港，未击中"提尔皮茨"号战列舰。
2 月 25 日，"提尔皮茨"号战列舰入役。
2 月 28 日 /3 月 1 日，英国皇家空军轰炸机部队空袭威廉港，未击中"提尔皮茨"号战列舰。
3 月 6 日，"提尔皮茨"号战列舰通过威廉皇帝运河（Kaiser Wilhelm Canal）转移至基尔（Kiel），随后到波罗的海进行海试。
5 月 27 日，"俾斯麦"号战列舰被英国本土舰队击沉。
5 月 28—29 日，英国皇家空军轰炸机部队空袭基尔，未击中"提尔皮茨"号战列舰。
6 月 20—21 日，英国皇家空军轰炸机部队空袭基尔，未击中"提尔皮茨"号战列舰。
6 月 22 日，"巴巴罗萨"行动（Barbarossa），德国入侵苏联。
8 月 21—31 日，"苦行僧"行动（Dervish），第一批北极护航船队抵达苏联。

1942 年
1 月 15 日，"提尔皮茨"号战列舰抵达法滕峡湾（Faettenfjord）。
1 月 30—31 日，"涂油"行动（Oiled），英国皇家空军轰炸机部队空袭法滕峡湾，未击中"提尔皮茨"号战列舰。
3 月 6—9 日，"体育宫"行动（Sportpalast），"提尔皮茨"号战列舰启航拦截 PQ-12 护航船队。
3 月 9 日，英国皇家海军"胜利"号航空母舰（HMS Victorious）的舰载机在洛夫腾岛（Lofoten Islands）附近对"提尔皮茨"号战列舰发起鱼雷攻击。
3 月 30—31 日，英国皇家空军轰炸机部队空袭法滕峡湾，未击中"提尔皮茨"号战列舰。
4 月 27—28 日，英国皇家空军轰炸机部队空袭法滕峡湾，未击中"提尔皮茨"号战列舰。
4 月 28—29 日，英国皇家空军轰炸机部队空袭法滕峡湾，未击中"提尔皮茨"号战列舰。
7 月 2 日，在德军发起的旨在拦截 PQ-17 护航船队的"跳马"行动（Rösselsprung）中，"提尔皮茨"号战列舰从法滕峡湾转移到阿尔滕峡湾（Altenfjord）。
7 月 5—6 日，"提尔皮茨"号战列舰从阿尔滕峡湾启航，拦截 PQ-17 护航船队。
7 月 9 日，"提尔皮茨"号战列舰抵达纳尔维克附近的博根峡湾（Bogenfjord）。
10 月 24 日，"提尔皮茨"号战列舰返回法滕峡湾。
10 月 30—31 日，"头衔"行动（Title），英军计划以人操鱼雷攻击锚泊法滕峡湾的"提尔皮茨"号战列舰，行动因天气原因取消。

1943 年
3 月 11—13 日，"提尔皮茨"号战列舰前往博根峡湾，与"沙恩霍斯特"号战列巡洋舰（Scharnhorst）会合。
3 月 22—24 日，"提尔皮茨"号战列舰前出至阿尔滕峡湾末端的卡亚峡湾。
9 月 22 日，"水源"行动（Source），英军以袖珍潜艇（X 型艇）在卡亚峡湾对"提尔皮茨"号战列舰发起水下袭击，导致"提尔皮茨"号严重受损。
9 月 29 日，"提尔皮茨"号战列舰开始接受修复。

1944 年

2 月 10—11 日，苏联空军战机空袭卡亚峡湾，未击中 "提尔皮茨" 号战列舰。

4 月 3 日，"钨" 行动（Tungsten），英国皇家海军航空兵空袭卡亚峡湾，"提尔皮茨" 号战列舰受损。

4 月 24 日，"行星" 行动（Planet），英国皇家海军航空兵计划空袭 "提尔皮茨" 号战列舰，行动因天气原因取消。

5 月 15 日，"体力" 行动（Brawn），英国皇家海军航空兵计划空袭 "提尔皮茨" 号战列舰，行动因天气原因取消。

5 月 28 日，"虎爪" 行动（Tiger Claw），英国皇家海军航空兵计划空袭 "提尔皮茨" 号战列舰，行动因天气原因取消。

7 月 17 日，"吉祥物" 行动（Mascot），英国皇家海军航空兵空袭卡亚峡湾，未击中 "提尔皮茨" 号战列舰。

8 月 22 日，"古德伍德Ⅰ" 行动（Goodwood Ⅰ，有资料译为 "佳林 1 号" 行动，指位于伦敦的一座赛马场，英军在诺曼底战役中的一次地面突破行动亦以此为代号，译者注），英国皇家海军航空兵空袭卡亚峡湾，未击中 "提尔皮茨" 号战列舰。"古德伍德Ⅱ" 行动（Goodwood Ⅱ），英国皇家海军航空兵空袭卡亚峡湾，未击中 "提尔皮茨" 号。

8 月 24 日，"古德伍德Ⅲ" 行动（Goodwood Ⅲ），英国皇家海军航空兵空袭卡亚峡湾，"提尔皮茨" 号战列舰轻微受损。

8 月 29 日，"古德伍德Ⅳ" 行动（Goodwood Ⅳ），英国皇家海军航空兵空袭卡亚峡湾，未击中 "提尔皮茨" 号战列舰。

9 月 15 日，"破雷卫" 行动（Paravane），英国皇家空军轰炸机部队空袭卡亚峡湾，"提尔皮茨" 号战列舰严重受损。

10 月 15—16 日，"提尔皮茨" 号战列舰从卡亚峡湾转移至特罗姆瑟（Tromsø）附近的哈考伊岛（Haakøy Island）。

10 月 29 日，"消除" 行动（Obviate），英国皇家空军轰炸机部队空袭哈考伊岛，"提尔皮茨" 号战列舰轻微受损。

11 月 12 日，"问答集" 行动（Catechism），"提尔皮茨" 号战列舰在哈考伊岛附近的锚泊地倾覆，近 1000 名舰员丧生。

▼ 在威廉港的海军船坞中舾装的 "提尔皮茨" 号战列舰。起重机正将烟囱吊起并移至安装位。此时，"提尔皮茨" 号舰体前部的上层建筑已经装配到位。画面近处是名为 "多拉"（Dora）的四号主炮的炮塔座圈

攻击者的实力
目标:击沉一艘战列舰

◀ 肖特公司的"斯特林"轰炸机是根据英国航空部（Air Ministry）要求开发的3型四发轰炸机之一。它参与了英国皇家空军1942年1月针对锚泊在法滕峡湾的"提尔皮茨"号战列舰发起的空袭行动。相比"哈利法克斯"轰炸机和"兰开斯特"轰炸机，"斯特林"的主要缺陷是升限较低

英国皇家空军的轰炸机

行动伊始，英国皇家空军就决定用四发轰炸机（四发、三发、双发、单发代表发动机数量，以下不再说明，译者注）攻击"提尔皮茨"号战列舰，因为双发轰炸机的航程不足。截至1942年，英国皇家空军可用的四发轰炸机包括肖特公司（Short）的"斯特林"（Stirling）、汉德利·佩奇公司（Handley Page）的"哈利法克斯"（Halifax）以及阿芙罗公司（Avro）的"兰开斯特"（Lancaster）。其中，"斯特林"的飞行性能与"哈利法克斯"相当，但其升限只有16500ft（5030m），比"哈利法克斯"和"兰开斯特"低了5000ft（1524m），因此更容易遭到敌军高射炮的攻击。此外，"斯特林"14000lb（6350kg）的载弹量虽然略高于"哈利法克斯"的13000lb（5897kg），但在执行空袭特隆赫姆（Trondheim）的任务时，由于要从苏格兰东北部的洛西茅斯机场（Lossiemouth）起飞，其载弹量会相应削减到12000lb（5443kg），而"哈利法克斯"仍能满载起飞。鉴于上述问题，在与"哈利法克斯"混编完成1942年1月30—31日的空袭"提尔皮茨"号任务后，"斯特林"轰炸机中队便不再参与此类行动，猎杀"提尔皮茨"号的任务全部交由"哈利法克斯"轰炸机中队执行。同年4月，"兰开斯特"轰炸机中队也加入"提尔皮茨"号猎杀战。

"兰开斯特"是第二次世界大战期间性能最出色的重型轰炸机之一，其飞行性能与"哈利法克斯"难分伯仲，而航程远超后者。此外，尽管"兰开斯特"14000lb（6350kg）的载弹量并不比"哈利法克斯"阔绰多少，但其弹舱设计更合理，能灵活选择炸弹挂载方式。经过改装的"哈利法克斯"至多能携带4000lb（1814kg）重的"饼干"（Cookie）重型炸弹（也称Blockbuster，街区破坏者），无法携带更重的炸弹。在执行1942年春季的空袭"提尔皮茨"号任务时，它皆以"饼干"应战。而"兰开斯特"能携带重达12000lb（5443kg）的"高脚柜"（Tallboy）巨型炸弹，正是这型炸弹在1944年下半年将"提尔皮茨"号彻底消灭。考虑到航程因素，包括"兰开斯特"在内的所有参与空袭"提尔皮茨"号的轰炸机，都要拆除顶部机枪塔以减轻重量，这导致它们面对德国空军战斗机时几乎束手无策。

肖特公司"斯特林"轰炸机

服役时间	1940 年 5 月
机身长度	87ft 3in（26.6m）
翼展	99ft 1in（30.2m）
满载重量	59400lb（26944kg）
动力系统	布里斯托尔公司（Bristol）"大力神"（Hercules）星型活塞发动机 4 台
最高飞行速度	282mile/h（454km/h, 12500ft/3800m）
航程	2330mile（3750km，满载）
升限	16500ft（5030m）
自卫武器	机鼻机枪塔机枪 2 挺，顶部机枪塔机枪 2 挺，尾部机枪塔机枪 4 挺
载弹量	14000lb（6350kg）
机组成员数量	7 人

汉德利·佩奇公司"哈利法克斯"轰炸机

服役时间	1940 年 11 月
机身长度	71ft 7in（21.82m）
翼展	104ft 2in（31.75m）
满载重量	54400lb（24675kg）
动力系统	布里斯托尔公司（Bristol）"大力神"（Hercules）星型活塞发动机 4 台
最高飞行速度	282mile/h（454km/h, 13500ft/4115m）
航程	1860mile（3000km，满载）
升限	24000ft（7315m）
自卫武器	机鼻机枪 1 挺，顶部机枪塔机枪 2 挺，尾部机枪塔机枪 4 挺
载弹量	13000lb（5897kg）
机组成员数量	7 人

阿芙罗公司"兰开斯特"轰炸机

服役时间	1942 年 2 月
机身长度	69ft 4in（21.11m）
翼展	102ft（31.09m）
满载重量	55000lb（24948kg）
动力系统	罗尔斯·罗伊斯公司（Rolls Roys）梅林（Merlin）V 型活塞发动机 4 台
最高飞行速度	282mile（454km/h, 13000ft/4000m）
航程	2530mile（4073km，满载）
升限	21400ft（6500m）
自卫武器	机鼻机枪塔机枪 2 挺，顶部机枪塔机枪 2 挺，尾部机枪塔机枪 4 挺
载弹量	14000lb（6350kg），经改装后可达 22000lb（10000kg），但只能挂载 1 枚"高脚柜"或"大满贯"（Grand Slam）重型炸弹，且航程和飞行性能均有下降
机组成员数量	7 人

英国皇家海军航空兵的战机

"提尔皮茨"号战列舰的姊妹舰"俾斯麦"号被一枚 18in 鱼雷击中脆弱的尾舵后身受重伤。投放这枚鱼雷的战机是费尔雷公司（Fairey）的"剑鱼"（Swordfish），一型看似过时且笨拙的双翼机。事实上，"剑鱼"是一种非常高效的，能在海军航空兵中扮演鱼雷机、轰炸机和侦察机三重角色的多用途飞机［英文机种名为 TBR，即 Torpedo（鱼雷）、Bombing（轰炸）、Reconnaissance（侦察）的首字母缩写，以下按习惯译法称鱼雷轰炸机，译者注］。它在大战期间始

▲ 一架费尔雷公司的"大青花鱼"鱼雷轰炸机正从一艘光辉级航空母舰（Illustrious，可能是"胜利"号）上起飞，它身后是一架正处于滑跑状态的"海喷火"战斗机（Seafire）。这架"大青花鱼"没有携带弹药，因此可能将执行侦察巡航任务

终活跃于各个战场。"剑鱼"并没有参与空袭"提尔皮茨"号行动，这副重担落到了它的继任者，同样出自费尔雷公司的"大青花鱼"（Albacore，昵称 Applecore，苹果核）双翼机身上。但颇为讽刺的是，"大青花鱼"的退役时间比前辈还早。尽管采用了封闭式座舱，飞行速度比"剑鱼"更快，驾驶体验也更舒适，但"大青花鱼"的任务弹性反而不及前者。不过在1942年5月，"大青花鱼"是部署在"胜利"号航空母舰（Victorious）上的唯一一型有能力向"提尔皮茨"号发起攻击的战机。

1944年夏天，在对锚泊卡亚峡湾的"提尔皮茨"号开展的空袭行动中，英国皇家海军的主力机型是费尔雷公司的"梭鱼"（Barracuda），它是"剑鱼"和"大青花鱼"的替代者，尽管除飞行速度和可操纵性外，它并没有比前辈们进步多少。"梭鱼"采用了视野更好的驾驶舱，因此着舰动作更从容。18in 鱼雷、500lb 半穿甲炸弹、600lb 反潜炸弹以及 1600lb 穿甲炸弹，是"梭鱼"执行空袭"提尔皮茨"号任务时携带的主要弹药。实战表明，"梭鱼"的飞行速度太慢了：当空袭警报传到"提尔皮茨"号上，且峡湾四周的德军警戒部队开始释放烟幕时，"梭鱼"们往往还没有飞到目标上空。受制于主力机型的飞行速度，英国皇家海军航空兵以削弱"提尔皮茨"号战斗力为目标的空袭行动均以失败告终。

费尔雷公司"大青花鱼"鱼雷轰炸机	
服役时间	1940 年 3 月
机身长度	39ft 10in（12.14m）
翼展	50ft（15.24m），机翼可折叠
满载重量	10460lb（4755kg）
动力系统	布里斯托尔公司"金牛座 II"型（Taurus II）星型活塞发动机 1 台
最高飞行速度	161mile/h（225km/h，1625ft/500m）
航程	817mile（1497km，挂载鱼雷和重型炸弹）
升限	20700ft（6310m）
自卫武器	右侧机翼机枪 1 挺，驾驶舱后座双联装机枪 1 具
载弹量	2000lb（907kg）炸弹，或 1 枚 18in 航空鱼雷
机组成员数量	3 人

费尔雷公司"梭鱼"鱼雷轰炸机	
服役时间	1943 年 1 月
机身长度	39ft 9in（12.12m）
翼展	49ft 2in（14.99m），机翼可折叠
满载重量	13200lb（6000kg）
动力系统	罗尔斯·罗伊斯公司梅林 V 型活塞发动机 1 台
最高飞行速度	228mile/h（367km/h，1750ft/533m）
航程	686mile（1104km，挂载鱼雷和重型炸弹）
升限	16600ft（5080m）
自卫武器	驾驶舱后座双联装机枪 1 具
载弹量	1800lb（820kg）炸弹，或 1 枚 18in 航空鱼雷
机组成员数量	3 人

◀ 美国格鲁曼公司研制的F6F"地狱猫"战斗机于1942年底列装英国皇家海军航空兵。按英军命名传统，它被重新命名为"格鲁曼塘鹅"（Grumman Gannet）。在"钨"行动期间，多架次"地狱猫"从"皇帝"号护航航空母舰（Emperor）上起飞，成功对锚泊卡亚峡湾的"提尔皮茨"号进行了扫射和轰炸

除鱼雷轰炸机外，英国皇家海军航空兵还在空袭"提尔皮茨"号行动中投入了相当规模的战斗机。其中，来自美国格鲁曼公司（Grumman）的"地狱猫"（Hellcat）和沃特公司（Vought）的"海盗"（Corsair）都能携带1枚可轻创"提尔皮茨"号的500lb炸弹。而一些典型的英制战斗机，例如超级马林公司（Supermarine）的"海喷火"（Seafire）和费尔雷公司的"萤火虫"（Firefly），尽管理论上都能携带小型炸弹，但通常只承担护航任务。当然，"萤火虫"有时也会执行反潜和侦察任务。相比"梭鱼"等所谓"多用途飞机"，这些战斗机的优势无疑是更高的飞行速度："地狱猫"的飞行速度可达391mile/h（约629km/h），而"海盗"的飞行速度更是高达446mile/h（约718km/h）。在"古德伍德"（Goodwood）系列行动中，以"地狱猫"和"海盗"为代表的战斗机将高速优势发挥得淋漓尽致，它们总能在"提尔皮茨"号释放干扰烟幕前发起进攻。

照相侦察

在发起任何针对"提尔皮茨"号战列舰的空袭行动前，行动策划者都必须尽可能多地了解目标状况，以及其锚泊地周边的防御力量部署情况。这些关键情报少部分来自挪威当地线人，而更多则源自英军空中侦察单位（Photographic Reconnaissance Unit，PRU）的航拍照片。空中侦察单位通常使用经过专门改装的"喷火"式战斗机（Spitfire）和"蚊"式轰炸机（Mosquito）执行任务。"提尔皮茨"号锚泊挪威期间，英军空中侦察单位的注意力一直集中在它身上。在"提尔皮茨"号转移到挪威北部的卡亚峡湾后，英军要依靠苏联提供情报，但苏军侦察机普遍缺乏堪用的航拍仪器。1944年夏天，英军侦察机开始从苏联北部的基地起飞执行对德侦察任务。他们在当地对航拍照片进行初步判读，随后交由大型水上飞机带回英国本土进行详细判读。

1942—1944年间，上述侦察手段为英军提供了必要的行动信息，包括"提

▼ 沃特公司的F4U"海盗"战斗机于1943年11月列装英国皇家海军航空兵。实战表明，经过小幅改进的"海盗"灵活且高效。1944年春夏两季，部署在"可畏"号（Formidable）和"胜利"号航空母舰上的"海盗"为空袭"提尔皮茨"号战列舰的英军轰炸机提供了空中掩护

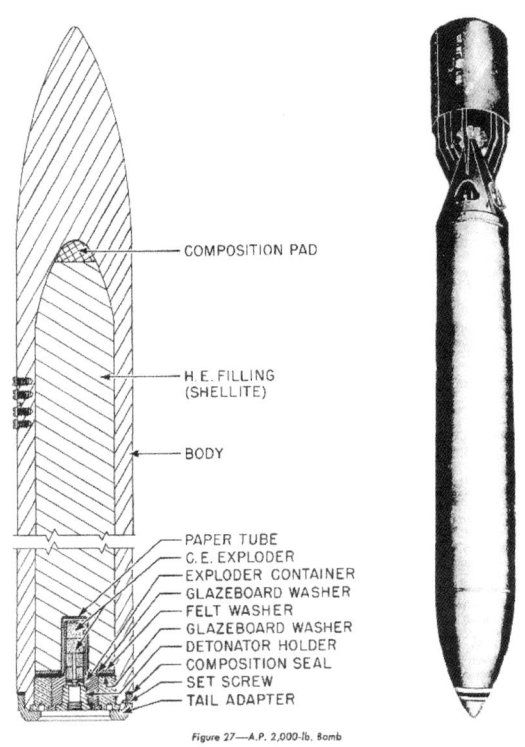

▲ 2000lb 穿甲炸弹的设计初衷是对付重装甲目标，例如战列舰（至少使用手册是这样写的）。坚固的壳体、流线形造型以及加固头锥使它能在爆炸前穿透军舰的水平装甲

尔皮茨"号的锚泊位置、舰艏朝向以及战备情况等。除此之外，空中侦察单位还搜集了德军海岸防御力量部署情况、防鱼雷网布置情况、"提尔皮茨"号护卫巡逻艇布防情况、护航和补给舰艇锚泊位置以及天气情况等信息，这些同样是开展空袭行动所不可或缺的。

弹药

"提尔皮茨"号战列舰尚处于建造阶段时，英国皇家空军就组织了多次针对威廉港的空袭行动。这些行动使用的都是 250lb 和 500lb 通用航空炸弹，两者在英国皇家空军中属于中等装药量炸弹（Medium Capacity, MC, 指装药量为炸弹总重量的一半左右，译者注）。英军战机通常要在夜间从高空投掷炸弹，因此击中目标的概率极低。即使能"凑巧"击中，也很难给甲板防御力不俗的"提尔皮茨"号造成严重损坏。因此，英军所能预期的最好结果就是炸坏"提尔皮茨"号的雷达天线、火控系统和高射炮，从而削弱她的战斗力。在1944年的空袭"提尔皮茨"号行动中，尽管英军仍会使用通用航空炸弹，但他们的弹药选项中已经囊括了半穿甲炸弹和穿甲炸弹。这类炸弹能穿透"提尔皮茨"号舰体上的无装甲防护部位，只是同样无法给她造成致命损伤。

显然，英国人亟需威力更大的炸弹。1940—1941年间，英军在对德占港口的空袭行动中实验性地投放了一些 2000lb 高装药量炸弹。这是英国人在大战期间研制的第一型重型炸弹，其铸钢弹体中装满了 Amatol 炸药（英国研制的由 TNT 与硝酸铵混合而成的炸药，名字源于两种主要原料 Ammonium 和 Toluene，即铵和甲苯，译者注）。投放后，这型炸弹末端的减速伞会自动展开，使弹体在下落过程中保持稳定。2000lb 高装药量炸弹在空袭港口的行动中并没能发挥预期作用。1941年末，英军又以它为基础开发了一型弹体稍小的，具备一定穿甲能力的新型炸弹。次年1月，英军多次尝试用这型炸弹攻击锚泊法滕峡湾的"提尔皮茨"号，不过均以失败告终。

随后，英军研制了一型装药量更大的 4000lb 炸弹。它的圆柱形弹体与既有型号类似，但为减重取消了减速伞，因此空气动力学性能非常糟糕，投放后的下落轨迹几乎无法预测。到1943年，英军通过加装头锥和环形弹翼解决了上述问题，使 4000lb 炸弹成为理想的重型穿甲炸弹。英国媒体称这型炸弹为"街区破坏者"（Blockbuster），因为它的研发初衷本就是对付城市目标。而英国皇家空军内部更习惯称它为"饼干"（cookie）。英军寄希望于填充了超过 3000lb Amatol 炸药的"饼干"能一举穿透"提尔皮茨"号厚重的甲板，在其舰体内部爆炸，从而造成致命损伤。但实战表明，身形巨大但壳体纤薄的"饼干"并不比普通炸弹强多少。

与此同时，英国皇家海军航空兵大量使用了美国设计的 1600lb 穿甲炸弹，这是一型专门用于攻击重甲军舰的炸弹。其头部采用特殊的硬质材料且向前凸起，尾部装有盒状弹翼。理论上，战机以俯冲姿态投放时，1600lb 炸弹完全能击穿"提尔皮茨"号的水平装甲，但实战效果并不尽如人意。碍于生产工艺上的缺陷，这型炸弹的装药量实际上只能达到设计值的一半，因此根本无法给"提尔皮茨"号造成预期损伤。此外，引信设计问题也极大制约了它的性能。

250lb 中等装药量（MC）炸弹

使用者及服役时间	英国皇家空军，英国皇家海军航空兵；1941年10月服役
重量及装药	225lb（102kg）；装药为63lb（28.58kg）Amatol炸药
引信类型	触发引信
结构特点	圆柱形弹体，弹首配头锥，薄外壳，弹尾配条状弹翼
效能	不具备穿甲能力
备注	这型炸弹用于取代自1926年开始列装的250lb通用（GP）炸弹

500lb 中等装药量（MC）炸弹

使用者及服役时间	英国皇家空军，英国皇家海军航空兵；1941年10月服役
重量及装药	499lb（226kg）；装药量因装药类型而异，通常为232lb（105kg）Torpex炸药
引信类型	触发引信
结构特点	流线形弹体，薄外壳，弹尾配条状弹翼
效能	不具备穿甲能力
备注	这型炸弹用于取代自1926年开始列装的250lb通用（GP）炸弹

500lb 半穿甲（SAP）/穿甲（AP）炸弹

使用者及服役时间	英国皇家空军，英国皇家海军航空兵；半穿甲炸弹1942年2月服役，穿甲炸弹1942年3月服役
重量及装药	半穿甲炸弹490lb（222kg），穿甲炸弹450lb（204kg）；半穿甲炸弹装药为90lb（41kg）TNT炸药，穿甲炸弹装药为83lb（38kg）Shellite炸药
引信类型	延时引信（半穿甲炸弹6秒，穿甲炸弹12秒）
结构特点	流线形，加厚外壳（1.3in/33mm），弹首配硬化头锥，弹尾配环状弹翼
效能	半穿甲炸弹从2500ft（726m）高度投放时，能穿透2in（50mm）厚水平装甲；穿甲炸弹从3100ft（945m）高度投放时，能穿透3.5in（89mm）厚水平装甲

2000lb Mark II 高装药量（HC）炸弹

使用者及服役时间	英国皇家空军；1941年12月服役
重量及装药	1723lb（782kg）；装药量因装药类型而异，通常为1230lb（558kg）Amatol炸药
引信类型	延时引信（12秒）
结构特点	由首向尾收窄的圆柱形弹体，弹首配头锥，薄外壳，弹尾配环状弹翼或中等装药量炸弹的条状弹翼
效能	对无装甲区域可造成极大损伤
备注	这型炸弹是4000lb Mark II高装药量炸弹的雏形，实际服役时间是1941年12月，但官方记载的服役时间是1943年6月

2000lb Mark I 穿甲（AP）炸弹

使用者及服役时间	英国皇家空军；1941年10月服役
重量及装药	1934lb（877kg）；装药为166lb（75.3kg）Shellite炸药
引信类型	延时引信（11秒）
结构特点	流线形弹体，厚外壳，弹首配硬化头锥，弹尾配条状弹翼
效能	针对重装甲目标（例如战列舰）设计

4000lb Mark II 高装药量（HC）炸弹"饼干"

使用者及服役时间	英国皇家空军；1941年3月服役
重量及装药	3930lb（1783kg）；装药为2882lb（1307kg）Amatol炸药
引信类型	延时引信（12秒）
结构特点	圆柱形弹体，薄外壳，弹尾配环状弹翼
备注	弹首配装金属薄板，以改善下落时的空气动力学性能

► 英国皇家海军"暴怒"号航空母舰（HMS Furious）上，来自伦敦的海军军械师鲍勃·库彻（Bob Cotcher）正在一枚1600lb Mark I 穿甲炸弹上用粉笔涂鸦（TIRPITZ ITS YOURS，"提尔皮茨"号，这是给你的），载机是隶属第830中队的"梭鱼"鱼雷轰炸机。这幅照片摄于"钨"行动前不久。英国皇家海军航空兵部队对这类涂鸦行为持默许态度，而皇家空军轰炸机部队的态度则截然相反

1600lb Mark I 穿甲炸弹	
使用者及服役时间	英国皇家海军航空兵；1943年2月服役
重量及装药	1590lb（721kg）；装药为209lb（95kg）Dunnite 炸药（简称D型炸药）
引信类型	延时引信（12秒）
结构特点	椎形弹体，弹首配硬化头锥，弹尾配弹翼
效能	从4500ft（1370m）高度投放时，能穿透5in（137mm）厚水平装甲
备注	这型炸弹由美国研制，于1942年5月率先列装美国海军

18in Mark XII 航空鱼雷也是英国皇家海军航空兵围猎"提尔皮茨"号的利器。这型战前列装的鱼雷射程为1500yd（约1370m，航速40kn），战斗部采用388lb Torpex 装药。然而，由于"提尔皮茨"号大部分时间都锚泊在挪威的浅水峡湾里，而且周围布设有多重防鱼雷网，曾重创"俾斯麦"号的18in Mark XII 航空鱼雷其实根本派不上用场。

18in Mark XII 航空鱼雷	
使用者及服役时间	英国皇家海军航空兵；1937年服役
重量及装药	1548lb（702kg）；装药为388lb（176kg）Torpex 炸药
引信	触发引信
动力形式	循环热动力
定深	25ft（7.5m）
射程	1500yd（1370m，40kn），3500yd（3200m，27kn）
备注	由空中投放入水

除鱼雷外，英军还大量使用了水雷，其中包括皇家空军的 Mark XIX 球状触发水雷。为满足空投要求，这型水雷采用加厚外壳且拆除了触角。内装770lb Amatol 炸药的 Mark XIX 球状触发水雷同样没能发挥预期作用，只在1942年春季的空袭"提尔皮茨"号行动中短暂登场。英国皇家海军航空兵还曾计划

使用600lb Mark Ⅷ反潜炸弹，他们认为这型"高效"的空投深水炸弹具有与500lb穿甲炸弹相当的破坏力，即使不能直接击中"提尔皮茨"号，爆炸后也能对其舰体水下结构造成破坏，但这终归只是一厢情愿。同样令人失望的还有500lb"约翰尼·沃克"空投水雷（Johnny Walker）。这型所谓的"浮沉水雷"入水后会在水平移动过程中周而复始地上浮、下沉，直到触碰目标后爆炸。在"破雷卫"行动中，英军尝试投放了"约翰尼·沃克"水雷，但"提尔皮茨"号毫发未损。

600lb 反潜（AS）炸弹

使用者及服役时间	英国皇家海军航空兵；1944年3月服役
重量及装药	550lb（249.48kg）；装药为439lb（199.13kg）Torpex炸药
引信类型	水压感应引信（引爆水深为260ft/79m）或延时引信（8秒）
结构特点	圆柱形弹体，薄弹壳，弹首配自脱落头锥，弹尾配弹翼
效能	与500lb半穿甲炸弹相当
备注	头锥在炸弹入水时自动脱落

"约翰尼·沃克"Mark Ⅰ空投水雷

使用者及服役时间	英国皇家空军；1944年7月服役
重量及装药	400lb（181.44kg）；装药为90lb（40.8kg）Torpex炸药
引信类型	触发引信（弹内压缩气态二氧化碳耗尽时会启动自爆装置）
动力源	压缩气态二氧化碳
结构特点	圆柱形弹体，弹尾配浮力舱和降落伞舱
效能	入水后下沉，水压计和计时器开始工作。至水深60ft（18.29m）处，控制装置将压缩气态二氧化碳导入浮力舱，使弹体上浮至水面。随后控制装置再将压缩气态二氧化碳排出浮力舱，使弹体下沉。周而复始，直至压缩气态二氧化碳耗尽
备注	"约翰尼·沃克"之名源于当时流行的威士忌品牌，同时寓意"走向自己的目标"（Walker有"行走者"之意，译者注）。为在投放后的下落滞空阶段保持稳定，弹尾配降落伞。弹体入水后降落伞自动脱落。在水中的水平移动距离为30ft（9.14m）

改进型Mark XIX球状触发水雷

使用者及服役时间	英国皇家空军；1942年3月服役
重量及装药	1000lb（453.6kg）；装药为700lb（280kg）Amatol炸药
引信类型	水压感应引信（引爆水深为12~18ft/3.6~5.4m）或延时引信（12秒）
结构特点	加厚钢质弹壳
备注	自1938年开始列装英国皇家海军，皇家空军对其进行了改进，包括加固弹壳、拆除雷锚及8个引信触角

▶ "高脚柜"的官方称谓是"Mark I 型 12000lb 深穿炸弹"（12000lb DP Bomb Mark I）。只有改装过弹舱门的"兰开斯特"轰炸机才能携带它。轰炸机以 200mile/h（约 321km/h）的飞行速度在 18000ft（5486m）高空投放时，"高脚柜"的触地瞬时速度可达 1097ft/s（约 334m/s）

所幸英国人还有"高脚柜"（Tallboy）——由"跳弹攻击之父"巴恩斯·沃利斯（Barnes Wallis）设计的 12000lb 中等装药量巨型炸弹，专门用于攻击坚固目标，也称"地震炸弹"（earthquake bomb）。"高脚柜"能钻地而入，爆炸时产生的气浪会使地表产生剧烈震动，进而导致建筑物垮塌。它的弹体呈流线形，采用加厚、加固的钢质弹壳，尾部配有稳定下落姿态的弹翼。自高空投放的"高脚柜"接触目标瞬间的下落速度能超过声速。它能穿透或撞毁厚重的混凝土结构建筑物，对装甲厚重的战列舰也有类似毁伤效果。得益于装填了 5200lb Torpex 炸药，即使没能直接命中，"高脚柜"也足以给"提尔皮茨"号造成致命损伤。在"问答集"行动中，英军的理想终于照进现实，从天而降的"高脚柜"形成的"近失弹雨"给"提尔皮茨"号的舰体结构造成了极大破坏，直接导致了"提尔皮茨"号的倾覆，同时也为它在海床上掘好了坟墓。

12000lb 炸弹"高脚柜"	
使用者及服役时间	英国皇家空军；1944 年 6 月服役
重量及装药	12000lb（5400kg）；装药为 5200lb（2400kg）Torpex 炸药
引信类型	触发引信或延时引信（12 秒）
结构特点	流线形弹体，弹首配硬化头锥，弹尾配四片式弹翼
效能	爆炸前能钻入地下或战舰内部
备注	这型炸弹只能由经改装的"兰开斯特"轰炸机投放

防御者的实力
峡湾中的堡垒

后世文献通常会将"提尔皮茨"号战列舰描述为一艘"孤独的战舰",因为在第二次世界大战的多数时光里,她都孤零零地锚泊在远离故土的挪威峡湾中,而且缺乏主力舰所必需的船坞、补给中心和补给舰艇。尽管所处地理位置的确偏僻,但"提尔皮茨"号实际上远没有人们想象的那样孤独。锚泊挪威的日子里,"提尔皮茨"号拥有规模庞大的后勤保障船队,囊括了输油船、补给物资运输船、防空船以及为数众多的改装渔船——它们肩负着维护其他船舶、拖曳防鱼雷网和巡逻警戒等任务。此外,"提尔皮茨"号身旁还有层层环绕的高射炮阵地和烟幕释放装置。在特隆赫姆附近的峡湾,德军甚至修建了一座用于驱离敌舰的海岸炮台。如果你认为这些防御措施还难保万全的话,"提尔皮茨"号的锚泊地沿岸还布置有一连串的雷达站、观察哨和空军机场。此外,作为一艘"漂浮的钢铁巨兽","提尔皮茨"号周身密布高射炮,而且训练有素的舰员们能游刃有余地应对各种战损修复任务。

"提尔皮茨"号战列舰

1939年4月,在阿道夫·希特勒和一众政要的注视下,冯·哈塞尔女士(Frau von Hassel)——已故海军元帅阿尔弗雷德·冯·提尔皮茨(Grand Admiral Alfred von Tirpitz)的外孙女,按传统将一瓶雷司令葡萄酒(Riesling)砸碎在"提尔皮茨"号战列舰的舰艏。随后,这艘身披彩旗的"巨兽"缓缓滑下威廉港的船台。同级首舰"俾斯麦"号已经于两个月前在汉堡(Hamburg)下水,正处于舾装阶段。她们是当时最现代化的战列舰,拥有强大的主炮和复杂的火控系统,令英国皇家海军那些老迈的战列舰望尘莫及。1941年5月,"俾斯麦"号命丧处女航。相比之下,"提尔皮茨"号无疑要幸运得多,她将在挪威度过自己"碌碌无为"的一生。盟军将偏安一隅的"提尔皮茨"号视为心腹大患,因为她完全有实力,也绝对有动机威胁盟军苦心经营的北极补给线。

▲ 1942年1月—1943年3月间,"提尔皮茨"号战列舰一直锚泊在法滕峡湾。这条仅2560yd(约2341m)长的峡湾,东面是伏都达伦峡谷(Vududalen valley),西面是萨尔托亚岛(Saltøya Island)。萨尔托亚岛的西面是阿森峡湾(Åsenfjord),位于特隆赫姆峡湾(Trondheimsfjord)的最东端。"提尔皮茨"号的锚泊地位于法滕峡湾北侧,两岸皆是遍布密林的陡崖,且跨度仅300yd(约274m)。

▲ 1939年4月1日，"提尔皮茨"号战列舰在威廉港下水。阿道夫·希特勒参加了下水典礼，仪式由伊尔瑟·冯·哈塞尔女士主持，她是德国现代海军的缔造者——阿尔弗雷德·冯·提尔皮茨元帅的外孙女

"提尔皮茨"号采用了传统的火力布置形式：舰艏和舰艉各布置2座双联装主炮炮塔，自舰艏最前端炮塔开始依次名为"安东"（Anton）、"布鲁诺"（Bruno）、"凯撒"（Caesar）和"多拉"（Dora），各炮塔均配有光学测距仪；8门380mm口径主炮以30°仰角射击时，射程可达36520m（约19n mile）。"提尔皮茨"号配装了搜索雷达（Funkmessortungsgerat，FuMo，直译为无线电搜索仪器，译者注），但德军从不像英军一样用它引导主炮射击。除主炮外，"提尔皮茨"号还配装有12门150mm口径副炮，分布在两舷的6座双联装炮塔中（每舷3座）。1944年时，尽管"提尔皮茨"号的主炮和副炮都已经能发射采用延时引信的高爆弹，临时充当"重型防空炮"，但扮演"防空中坚"角色的仍然是为数众多的中小口径高射炮。

"提尔皮茨"号的高射炮配置情况：16门105mm口径高射炮，分布在8座双联装炮塔中，射速为16~18发/min，射程为17700m（19357yd），射高为12500m（41010ft），负责在敌机来袭时打出一个盒状弹幕，将敌机拒之幕外；16门37mm口径高射炮，射速为30发/min，射程为8500m（9300yd），射高为4800m（15750ft），在火控系统引导下射击；数量不定的20mm口径高射炮，射速超过120发/min，射程不超过4900m（5360yd），负责精确打击目标。1942—1944年间，"提尔皮茨"号相继加装了多座单装和四联装20mm口径高射炮，防空火力密度得以成倍提高。

"提尔皮茨"号的舰体主装甲带厚320mm，水线防鱼雷装甲带厚170mm，这对任何空袭者而言都是不小的挑战。用于保护弹药库和动力舱的水平装甲带位于舷侧，处于自最上甲板以下第三层甲板位置，呈中间拱起、边缘下沉

对页图："提尔皮茨"号战列舰的防空武器与火控系统

"提尔皮茨"号延续了第一次世界大战末期服役的德国海军超无畏舰传统布局。8门380mm口径主炮布置在4座双联装炮塔内。火控系统采用2座基线长度为10.5m的测距仪，位于舰桥顶部及其后部上层建筑的2座可旋转圆柱形构件中。此外，各炮塔还配有备用测距仪，以便独立射击。

12门150mm口径副炮布置在6座双联装炮塔内，两舷各3座，自舰艏到舰艉标记为PⅠ、PⅡ、PⅢ号和SⅠ、SⅡ、SⅢ号（P代表Port，左舷，S代表Starboard，右舷，译者注）。火控系统采用基线长度为7m的测距仪，位于舰桥顶部。副炮必要时也可作主炮用。与主炮炮塔相同，每座副炮炮塔内都配有6m基线测距仪，以便独立射击。

防空火力包括：16门105mm口径高射炮，布置在8座双联装炮塔内，两舷各4座，位于舰体前部和后部建筑间；16门37mm口径高射炮，布置在8座双联装炮塔内，位置与105mm口径高射炮相近。有4个火控中心负责引导高射炮射击。其中，2个分别位于主桅两侧，1个位于主桅后部，1个位于"凯撒"炮塔后部。每个火控中心都配有1架SL-8型4m基线测距仪。火控中心失效时，37mm口径高射炮可手动操纵、目视瞄准。

"提尔皮茨"号还布置有大量20mm口径高射炮，如对页图所示。先期装舰的单装20mm口径高射炮需手动操纵、目视瞄准。1942—1944年间加装的四联装20mm口径高射炮可由SL-8测距仪引导射击。除各型舰炮外，"提尔皮茨"号的武器还包括2具四联装鱼雷发射管，分别位于舰艏两舷。

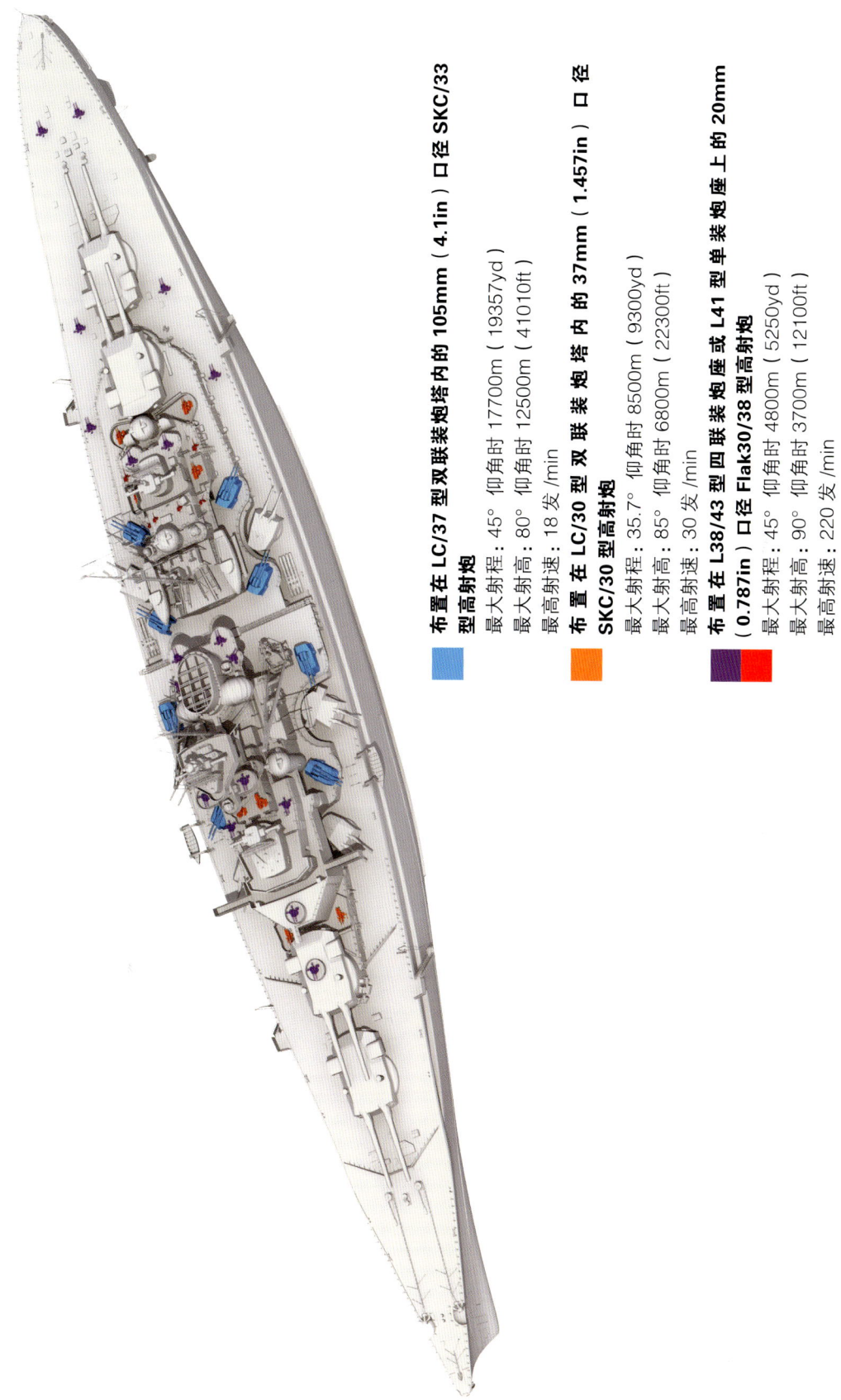

布置在 LC/37 型双联装炮塔内的 105mm（4.1in）口径 SKC/33 型高射炮

最大射程：45° 仰角时 17700m（19357yd）
最大射高：80° 仰角时 12500m（41010ft）
最高射速：18 发/min

布置在 LC/30 型双联装炮塔内的 37mm（1.457in）口径 SKC/30 型高射炮

最大射程：35.7° 仰角时 8500m（9300yd）
最大射高：85° 仰角时 6800m（22300ft）
最高射速：30 发/min

布置在 L38/43 型四联装炮座或 L41 型单装炮座上的 20mm（0.787in）口径 Flak30/38 型高射炮

最大射程：45° 仰角时 4800m（5250yd）
最大射高：90° 仰角时 3700m（12100ft）
最高射速：220 发/min

的"驼背"形,连接着主装甲带,其倾斜布置方式增强了甲板的防御力。最上甲板由柚木覆盖的钢板构成,防御力逊于水平装甲带,但足以确保下方舱室免受弹片和小型炸弹破坏。"提尔皮茨"号的装甲结构并未延伸到舰艏和舰艉,这些区域只受最上甲板的钢结构保护,但推进轴有110mm厚的装甲带保护。

总之,对盟军而言,拥有致密防空火力和厚重装甲的"提尔皮茨"号无疑是块难啃的骨头。好在她的防御体系并非滴水不漏。一方面,许多舰员的居住舱均位于舰体水平装甲带之上,极易遭破坏。另一方面,高射炮普遍缺乏防护,20mm口径高射炮连防盾都没有,暴露在外的炮组成员难免会受到弹片的伤害,也会成为敌机的重点关照对象。在"钨"行动中,上述问题极大考验了"提尔皮茨"号的防御体系。此外,相对薄弱的水线装甲带很难有效阻挡来袭鱼雷,对水雷或在水中引爆的"地震炸弹"也缺乏应对手段。在盟军的频繁空袭中,"提尔皮茨"号的舱室曾多次进水。这最终也成为她完全倾覆的直接诱因。

俾斯麦级"提尔皮茨"号战列舰	
建造地	威廉港海军造船厂(Kriegsmarinewerft,Wilhelmshaven)
开工时间	1936年11月2日
下水时间	1939年4月1日
服役时间	1941年2月25日
舰体长	823ft 6in(251m)
舰体宽	118ft 1in(36m)
标准吃水深度	30ft 6in(9.3m)
排水量	标准排水量45474t;满载排水量50425t,1944年增加至53500t
动力系统	3台布朗-勃法瑞蒸汽轮机(Brown-Boveri geared Turbines);12座瓦格纳高压锅炉(Wagner High-Pressure Boilers);三轴推进,总功率160796shp(轴马力)
最大航速	30kn
航程	8870n mile(19kn)
武器	置于4座炮塔内的8门380mm口径SKC/34型主炮;置于6座炮塔内的12门150mm口径SKL/55型副炮;置于8座炮塔内的16门105mm口径SKC/33型高射炮;置于8座炮塔内的16门37mm口径SKC/30型高射炮;置于12座单炮位上的12门20mm口径Flak30型高射炮;置于2具四联装发射管内的8枚533mm(21in)口径鱼雷 注:1942—1944年,"提尔皮茨"号相继加装了多门单装或四联装Flak30/38型高射炮,最终共计78门
舰载机	4架阿拉多公司(Arado)Ar-196A-3型水上侦察机,1具弹射器
探测设备	FuMo23型雷达;阵列式水下听音器(Gruppenhorchgerät,GHC)
装甲厚度	垂直装甲带320mm(13in);主炮炮塔360mm(14in);水平装甲带100~120mm(3.9~4.7in);最上甲板50mm(2in)
编制员额	2608人(含军官和士兵,1943年)

"提尔皮茨"号在挪威的巢穴

"提尔皮茨"号战列舰在挪威期间使用过4个锚泊地。其中,位于纳尔维克(Narvik)附近的博根峡湾是临时锚泊地,德国海军主要在那里开展夏季训练或船舶应急维修。博根峡湾周围布置有高射炮阵地和防鱼雷网,在其通往奥斯特峡湾(Ostfjord)的入口处有常驻巡逻船。"提尔皮茨"号的长期锚泊地有两处:自1942年1月至1943年3月,锚泊在特隆赫姆(Trondheim)附近的法滕峡湾,此后转泊至挪威北部阿尔滕(Alten)附近的卡亚峡湾。自1944年10月开始,直至一个月后遭袭倾覆,"提尔皮茨"号都锚泊在特罗姆瑟(Tromsø)附近的哈考伊岛。法滕峡湾和卡亚峡湾的锚泊地都是经过认真考察后选定的,周围地貌在构建战舰防御体系方面发挥了重要作用。

法滕峡湾位于阿森峡湾(Åsenfjord)的尖端处,距特隆赫姆镇东北16mile。阿森峡湾位于更大的特隆赫姆峡湾的东部边缘,特隆赫姆镇坐落在其南岸。这里距离开放的外海有65mile远。位于特隆赫姆峡湾入海口处的海斯尼(Hysnes)和布雷廷根(Brettingen)建有海军炮台,以拱卫峡湾。法滕峡湾具有天然的防御优势,其南北向跨度只有约300yd,且两岸皆是陡崖。法滕峡湾西部通向阿森峡湾的水道被一个名为萨尔托亚(Saltøya)的多山小岛分割为两部分。"提尔皮茨"号的舰员们在萨尔托亚岛上建造了一些活动设施,包括一座运动场和一个休闲营地。法滕峡湾东部是蜿蜒的伏都达伦峡谷(Vududalen valley),由于其中树林密布,且南部崖壁陡峭,盟军战机不太可能沿这条路线发动袭击。"提尔皮茨"号锚泊在法滕峡湾靠北的位置,舰艉朝西。在峡湾天然地貌和防鱼雷网的保护下,它可以免遭鱼雷攻击。盟军要想空袭锚泊于此的"提尔皮茨"号,就必须让战机携带炸弹从峡湾西部发起攻击。总之,偏居法滕峡湾的"提尔皮茨"号在防御方面没有给攻击者留下什么漏洞。

卡亚峡湾的地貌与法滕峡湾类似,"提尔皮茨"号锚泊在这里的巴布鲁达伦湾(barbrudalen),舰艏或舰艉朝向陆地,两岸跨度只有1000yd。1944年春,"钨"行动过后,"提尔皮茨"号转移到卡亚峡湾的另一端,舰艉朝向斯特劳姆奈塞特(Straumsneset)。卡亚峡湾长3.5mile,位于更大的阿尔滕峡湾的最南端。"提尔皮茨"号的锚泊地距离阿尔塔城(Alta)5mile远,距离最近的西北方向开阔外海75mile远,其间还隔着透迤的峡湾水道。卡亚峡湾两岸同样群山高耸,东南岸和南岸陡崖林立,西北方则是绵延不绝的山脉。盟军想用鱼雷攻击卡亚峡湾里的"提尔皮茨"号是不可能的,他们只能让战机沿峡湾水道飞行,或者飞越群山。

相较而言,"提尔皮茨"号位于哈考伊岛的锚泊地是最不利于布防的。与哈考伊岛相邻的是稍大些的格伦多伊岛(Grindøy)。"提尔皮茨"号的锚泊地距离位于特罗姆瑟亚岛(Tromsøya)的特罗姆瑟城(Tromsø)有3.5mile远。锚泊地东南方是一座较大的岛屿,名为科瓦罗亚(Kvaløya)。哈考伊岛与科瓦罗亚岛之间的狭窄水道称为索博腾海峡(Sørbotn Channel)。这里是将特罗姆瑟与外海分隔开的一系列峡湾的一部分,距离外海32mile。作为挪威北部最大的城市,特罗姆瑟本身就极具战略价值,"提尔皮茨"号锚泊于此正是为了防范盟军可能发起的登陆行动。与其他锚泊地相比,哈考伊岛缺乏高山掩护,且一侧有开阔水域。

▲ 锚泊在法滕峡湾的"提尔皮茨"号战列舰。照片中,隐约可见"提尔皮茨"号舰艉朝向的萨尔托亚岛。"提尔皮茨"号锚泊期间,周围通常会簇拥着各类辅助船只,包括拖船、照明船和补给船,当然也不乏拖着伪装网的小艇。水面浮标线处布设有防鱼雷网

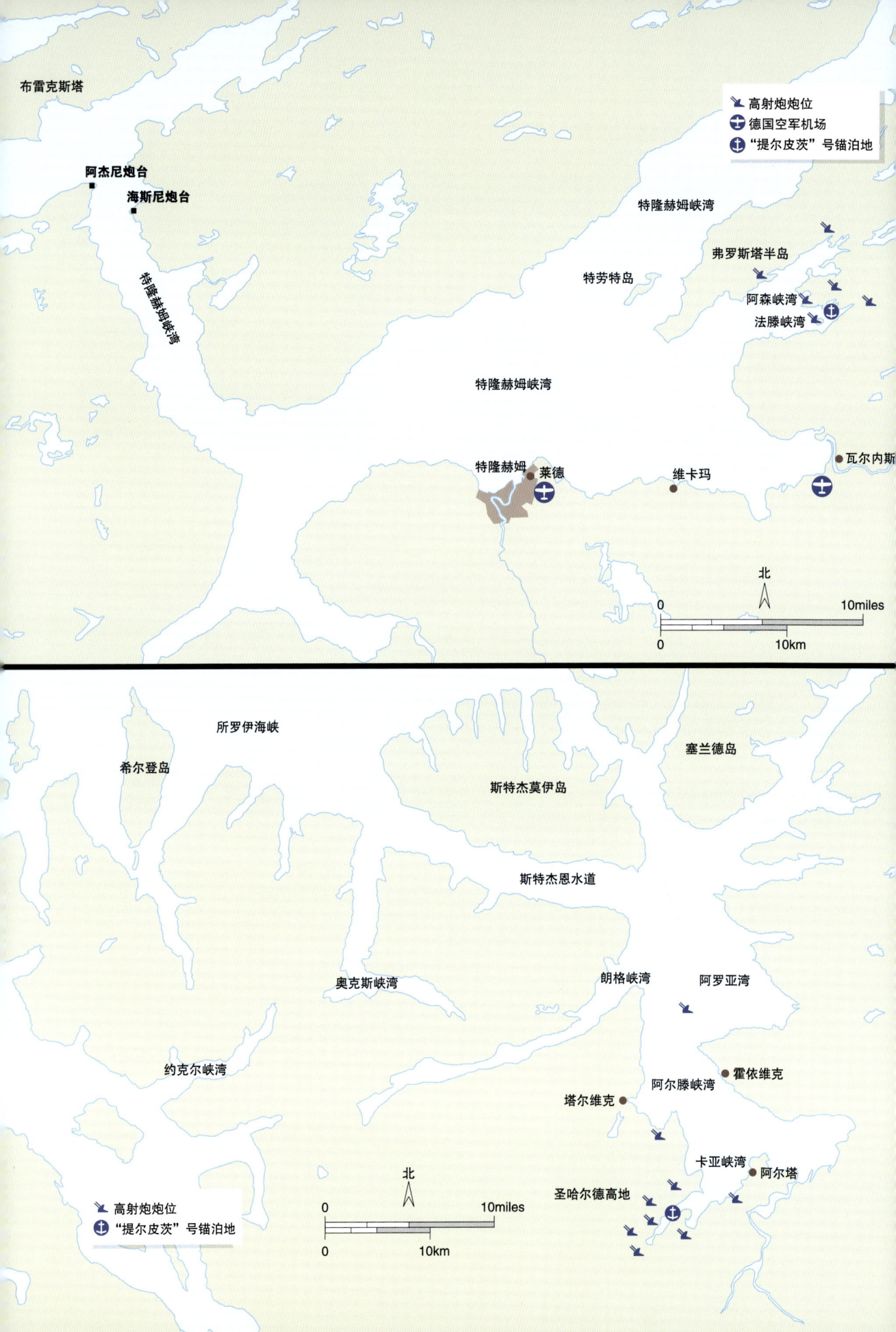

对页图：法滕峡湾和卡亚峡湾的锚泊地

对德军而言，"提尔皮茨"号挪威锚泊地所具备的最大优势是距离英国本土机场非常远。在1942年春季的空袭"提尔皮茨"号行动中，法滕峡湾距离苏格兰东北部的英国皇家空军机场有632mile远，已经达到英军重型轰炸机的作战范围边缘。而博根峡湾距离上述机场更是有963mile远，理论上只有"兰开斯特"轰炸机能勉强应付。位于特罗姆瑟附近的哈考伊岛锚泊地距离英军使用的洛西茅斯机场（Lossiemouth）有1049mile远，即使是"兰开斯特"轰炸机也要携带副油箱才能执行空袭任务。卡亚峡湾距离苏格兰的英军机场1146mile远，超出从苏格兰起飞的任何英军战机的作战范围。因此，英军在1944年9月开展的"破雷卫"行动中，不得不借用苏联阿尔汉格尔斯克附近的机场，那里距离卡亚峡湾只有600mile远。需要注意的是，上述距离只是直线距离。实战中，英军战机不可能按理想的直线航线飞抵"提尔皮茨"号锚泊地，飞行员们必须反复改变航线以规避德军的雷达和拦截机，尽可能出其不意地出现在"提尔皮茨"号上空。然而这样一来，飞行距离就会大幅增加。总之，碍于地理环境复杂且轰炸机航程不足，空袭"提尔皮茨"号任务显得异常艰巨。

锚泊地的防御体系

在法滕峡湾，"提尔皮茨"号战列舰处于层层布置的"高射炮网"中。这些高射炮的唯一任务就是守护"提尔皮茨"号和她附近的德国海军船只。法滕峡湾周围建有16座高射炮台，它们为锚泊地提供了多层防空火力网，"希佩尔海军上将"号重巡洋舰（Admiral Hipper）和"欧根亲王"号重巡洋舰（Prinz Eugen）都曾受惠于此。除高射炮台上的24门88mm口径重型高射炮，以及保护特隆赫姆市区的6门同型高射炮外，锚泊地防空火力网还包括16门37mm口径和20mm口径高射炮。位于法滕峡湾以南7mile的瓦尔内斯机场（Vaernes Airfield）也部署有15门小口径高射炮。

法滕峡湾锚泊地附近还驻守有2艘防空船，一艘在阿森峡湾，另一艘在洛尔峡湾（Lofjord）。两者都是德军缴获的挪威老旧战舰，搭载口径不一的多型高射炮。后来它们跟随"提尔皮茨"号一起转移到博根峡湾和阿尔滕峡湾，最终落脚在哈考伊岛附近。与"提尔皮茨"号同港锚泊的军舰，包括一些专用驱逐舰，以及像"沙恩霍斯特"号战列巡洋舰（Scharnhorst）、"舍尔海军上将"号袖珍战列舰（Admiral Scheer）和"吕佐夫"号袖珍战列舰（Lützow），还有前文提到的"希佩尔海军上将"号和"欧根亲王"号重巡洋舰这样的大型

▼ **1942—1943年的法滕峡湾防空体系**
这幅地图展现了法滕峡湾和洛尔峡湾附近的高射炮台、法滕峡湾远端面向"提尔皮茨"号战列舰的探照灯，以及锚泊在峡湾内的众多可释放烟幕的拖网渔船。德军在"提尔皮茨"号锚泊地两岸也布置有烟幕释放装置。地图中的数字代表半永久驻泊的德国海军舰艇泊位
1. "提尔皮茨"号战列舰
2. "舍尔海军上将"号袖珍战列舰
3. "希佩尔海军上将"号重巡洋舰
4. "欧根亲王"号重巡洋舰

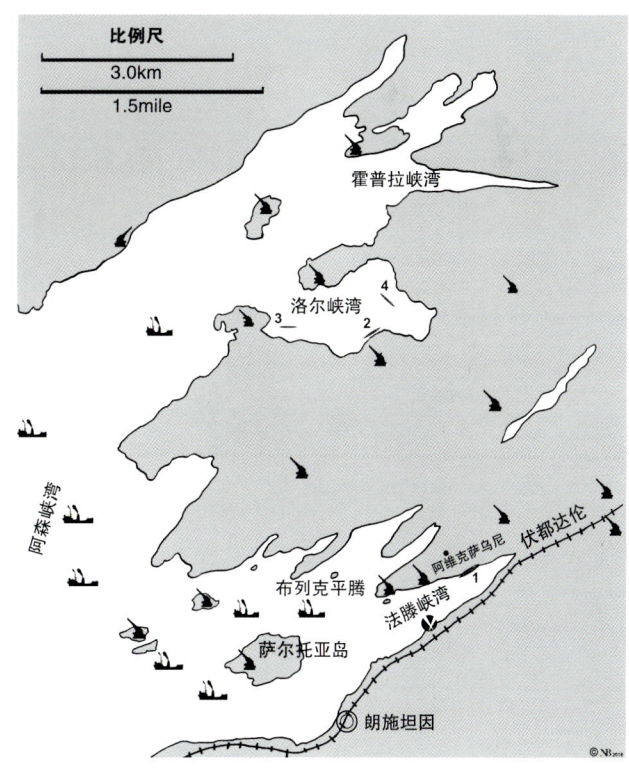

▲ 阿尔滕峡湾内的"提尔皮茨"号战列舰正在拖船引导下通过狭窄的水道，前往卡亚峡湾的新"巢穴"。挪威抵抗组织成员托尔斯坦·拉贝（Torstein Raby）用一台藏在旅行箱里的照相机拍下了这幅照片

战舰，也能提供可观的防空火力。

法滕峡湾南部有2座探照灯，其余探照灯布置在瓦尔内斯机场和特隆赫姆镇。"提尔皮茨"号锚泊期间，拖网渔船会在她周围布设多层防鱼雷网。在特隆赫姆峡湾，德国海军的巡逻船往来穿梭，严密监视着海面情况，其巡逻范围向西可达布雷廷根炮台。

在各类防护措施中，靠化学反应产生烟幕的烟幕释放装置是最有效的。这些装置一部分布设在法滕峡湾周围，一部分布设在洛尔峡湾。此外，还有众多经过改装的、搭载了烟幕释放装置的拖网渔船，其中8艘处于永久驻泊状态，朝向"提尔皮茨"号锚泊地的出海口。空袭警报响起后，电驱动烟幕释放装置能在10分钟内释放出一片光线难以穿透的白色烟幕，将"提尔皮茨"号，甚至整个法滕峡湾完全遮蔽。

卡亚峡湾的防护措施与法滕峡湾类似。事实上，原本布置在法滕峡湾的大多数高射炮和烟幕释放装置都是随"提尔皮茨"号一起转移到卡亚峡湾的。1944年春天，卡亚峡湾周围布置有38门重型高射炮，同时建有22个小口径高射炮位，其中一些布置了20mm口径四联装高射炮。

德军沿挪威海岸线建立了众多呈链状分布的雷达站，为"提尔皮茨"号提供空袭预警。这些雷达站能探测到50mile外的来袭敌机。直到1943年初冬，在换装了更先进的雷达，并进一步增大预警范围后，这套早期雷达预警体系才真正开始发挥作用。然而，这些雷达在防线以东方向存在很大盲区，因为那里恰好是挪威和瑞典境内的多山地带。德军在拉普兰（Lapland）也建有一些海岸雷达站，它们能为南部平原地带提供预警信息。除雷达站外，德军还布设了一些对空观察哨，同时派驻了大量兵员在机场、城镇和军械库等重要地点执行警戒任务。这套指挥体系看似庞杂繁复，但确实有效。大多数情况下，"提尔皮茨"号的舰长都能在敌机来袭前安然发出"各就各位"的作战命令，并及时启动烟幕释放装置。

德军防御体系的弱点在于空中力量。德国空军在法滕峡湾附近的瓦尔内斯、卡亚峡湾附近的巴纳克（Banak）以及哈考伊岛附近的巴杜弗斯（Bardufloss）都建有机场，部署在这些机场的战机理论上能为"提尔皮茨"号提供有效的空中掩护。这些机场本身也处于由雷达站构成的预警体系内。如此看来，拦截来袭的盟军轰炸机编队或海军战机对德军而言似乎是轻而易举的事。但实际上，由于德国空军与海军间的对立情绪由来已久，加之指挥系统过于庞杂，且空军指挥官们不愿冒险将宝贵的战机投入战斗，英军战机在历次空袭"提尔皮茨"号行动中几乎没有遭到过德军战机的拦截。1942年春天，德国空军在瓦尔内斯机场部署有30架Bf-109战斗机和30架Bf-110战斗机，但它们没能在阻止英军空袭"提尔皮茨"号上发挥半点作用。1944年11月，德国空军的"无能"终于酿成了大祸，尽管"提尔皮茨"号与巴杜弗斯机场间有直连电话，但直到她遭袭倾覆后，也没有一架德国空军战斗机赶来支援。

作战目标
保卫北极航线

一支"存在舰队"

"提尔皮茨"号战列舰部署到挪威后,成为驻当地德国海军舰队的核心。这支德国海军舰队随时能切断盟军自北极通往苏联北部地区的运输航线。由于距离北极航线非常近,挪威北部地区成为德军执行这一破交任务的理想基地。德军大型水面战斗群完全可以从防护严密的海岸基地(例如阿尔滕峡湾)出航,深入北极海域大杀四方。对德军潜艇而言,挪威布满峡湾的海岸线是完美庇护所,它们从这里出发只要两天航程就能抵达北极航线附近。与此同时,挪威的临海机场也成为德国空军轰炸机的绝佳"巢穴"。如此看来,盟军苦心经营的北极航线几乎"全方位"暴露在德国海军和空军的"利刃"之下。"提尔皮茨"号给盟军带来的巨大压力可想而知。

然而,这一切只是建立在理论层面。以挪威为基地的德军潜艇和轰炸机的确给北极航线造成了极大威胁,而与此形成鲜明对比的是,德军水面舰艇的出动次数却屈指可数。造成这一尴尬状况的罪魁祸首正是希特勒。"俾斯麦"号沉没后,他开始神经质般地忧心忡忡,忌惮于将有限的水面舰艇资源投入一场"寡不敌众"的战斗。因此,尽管拥有令盟军胆寒的强大战斗力,但"提尔皮茨"号的大部分战争时光都无所事事地消磨在被伪装网和防鱼雷网守护的挪威峡湾里,她的舰员们只能眼睁睁地看着胜利的天平不断向盟军倾斜,在沮丧的情绪中惶惶度日。锚泊挪威期间,"提尔皮茨"号只有两次出航经历,且均没有遭遇敌舰,只在第一次出航时遭到了英国皇家海军航空兵的袭击。这次由来自英军"胜利"号航空母舰的"大青花鱼"战机发动的空袭行动,迫使希特勒连下两道命令:其一是此后只有在确认作战海域没有英军航空母舰的情况下,"提尔皮茨"号才能出动;其二是没有希特勒本人同意,"提尔皮茨"号不得主动出击。

希特勒的畏首畏尾带来的直接后果就是"提尔皮茨"号的战斗力日渐衰弱。她本能成为一个水面战斗群的核心,本能切断极具战略意义的盟军北极航线,但最终却只能堕落为德军"存在舰队"的一块破败拼图。"存在舰队"是美国海军战略家阿尔弗雷德·塞耶·马汉(Alfred Thayer Mahan,1840—1914年)提出的

▲ 1942年7月初,德国驻挪威海军舰队从纳尔维克附近的博根峡湾向北航行至阿尔滕峡湾。他们计划以阿尔滕峡湾为基地,袭击北极航线上的盟军PQ-17护航船队。这幅照片摄于一艘驱逐舰的舰艉,画面前方是"吕佐夫"号袖珍战列舰与其姊妹舰"舍尔海军上将"号,前者在航行途中触礁受损,不得不返回纳尔维克维修

对页图： 1942—1944 年的战略局势

概念，他认为一支海军舰队在不离开港口的情况下也能影响整个战局。如果一支舰队出港作战，就可能输掉战役，甚至输掉整场战争。而如果一支舰队留驻港口，作为"存在舰队"，就可能持续迫使敌人投入兵力防范，且防范兵力规模与在这支舰队出海作战时投入的拦截兵力规模相当。如此推理，即使"提尔皮茨"号只呆在法滕峡湾或卡亚峡湾里充门面，也可能迫使英国皇家海军将相当规模的宝贵的战列舰和航空母舰资源，投入北极运输船队的护航任务，进而导致可投入地中海、远东等重要战场的战舰资源大幅缩水。

因此，对"提尔皮茨"号舰长托普上校（Captain Topp）而言，所谓的作战目标就是让自己的战舰完好无损。这一策略同时获得了雷德尔元帅（Grand Admiral Raeder，1876—1960 年）及其继任者卡尔·邓尼茨上将（Admiral Karl Dönitz）的支持。为实现这一目标，德国海军动用了一切可以动用的资源来保护"提尔皮茨"号，使她免遭袭击（在锚泊情况下，袭击只可能来自水下和空中）。德国人迅速建立了相对完备的对海防御体系：部署巡逻机监视锚泊地周围空域；调遣驱逐舰和各类武装船舶在锚泊地所在峡湾入口处巡逻；布设海岸警戒哨和防鱼雷网。前文介绍了德军的对空防御体系，其致命缺陷在于德国海军自始至终都没能有效解决与空军的协同问题。

德国海军内部的指挥系统也异常繁杂。挪威方面舰队控制着所有位于挪威的德国海军资源，下辖北部舰队、西部舰队、南部舰队和北极舰队。"提尔皮茨"号通常隶属于北部舰队或北极舰队，但这些地区舰队的司令只对德国本土的总舰队司令（Chief of Naval Command）负责，而后者又对德国海军总司令（Commander-in-Chief of the Navy）负责。这意味着一切事情最终都要由希特勒本人做主。部署在挪威的德国空军部队有自己的指挥架构：驻扎奥斯陆（Oslo）的第 5 航空队（Luftflotte 5）指挥着所有驻挪威、芬兰和苏联北部地区的航空部队，其下辖的北方航空司令部（Fliegerführer Nord）掌控着挪威地区的全部航空兵力，但分别由 3 个地区性指挥部指挥。这是德国空军官僚体系的典型例证。对"提尔皮茨"号而言，任何空中支援请求都要在指挥系统中几经易手、层层审批。因此，考虑到德国海军与空军的对立状态，德国空军从未将"提尔皮茨"号的安危挂在心上也就不足为奇了。

英国人的目标

英国人的目标与德国人正好相反：为将宝贵的主力舰部署到那些最需要她们的战场上，他们必须毁灭一支"存在舰队"。温斯顿·丘吉尔首相（Prime Minister Winston Churchill）对此心知肚明，他对"存在舰队"概念的理解甚至比希特勒更深刻。因此，从 1942 年 1 月起，丘吉尔就开始敦促英国皇家空军轰炸机部队和海军部尽快消除"提尔皮茨"号的威胁。英国海军部的应对手段是在本土舰队锚泊地常驻主力舰，在"提尔皮茨"号袭击北极护航船队时，随时能以 2 艘战列舰作为远程护航兵力的核心执行驱离任务。条件允许的情况下，他们还会派出一艘舰队航空母舰作为支援力量，扮演 1942 年 5 月围歼"俾斯麦"号行动中"胜利"号航空母舰的角色。1942—1943 年间，英国皇家海军所能做的一切就是确保北极航线的控制权，以协助护航船队的运输船将至关重要的物资运抵苏联的阿尔汉格尔斯克和摩尔曼斯克。

▼ 针对部署在挪威水域的德国军舰，埃里希·雷德尔元帅要在两种战术策略间作出抉择：要么攻击盟军的北极航线，要么保全一支"存在舰队"。1943 年初，在希特勒对海军在巴伦支海战役中的糟糕表现提出严厉批评后，雷德尔元帅黯然离休。这幅照片中，雷德尔元帅正在两名高级军官和托普舰长的陪同下巡视"提尔皮茨"号战列舰

对页图：空袭"提尔皮茨"号战列舰的英军轰炸机航线和航空母舰编队部署位置

1944年，英国皇家海军的新型舰队航空母舰开始服役，与它们相伴入役的还有一大批小型护航航空母舰。这些护航航空母舰既能为商船队护航，也能在一些行动中作为舰队航空母舰的有效补充。即便如此，在1944年春夏两季的空袭"提尔皮茨"号行动中，英国本土舰队所能调动的航空母舰资源仍不宽裕。更重要的是，这类空袭行动本就非常冒险，护航航空母舰"印度长官"号（HMS Nabob）的经历也印证了这一点。不过，英国海军部的担忧与抵触情绪没能动摇丘吉尔的决心。在他看来，为了击沉"提尔皮茨"号，损失一两艘舰队航空母舰是完全可以接受的代价。

英国皇家空军轰炸机部队面临的局势与海军部截然不同。执行1942年春季空袭"提尔皮茨"号任务的轰炸机组可能缺乏相关经验，但他们至少已经习惯于执行远程轰炸任务，而且对可能遇到的情况有所准备。以"饼干"为代表的重型炸弹也给了机组成员们十足的信心——这些炸弹只要击中"提尔皮茨"号，就一定能对她造成严重破坏。因此，英军的坚定决心在行动伊始是毋庸置疑的。然而，当发现一系列代价高昂的空袭行动并没能给"提尔皮茨"号造成什么"像样"的损伤后，轰炸机部队的信心跌到了谷底，他们开始踌躇于是否应该将宝贵的资源投入这项困难重重的任务。无论如何，早期的空袭行动至少能证明，一支庞大的轰炸机编队从苏格兰东北部的前线机场起飞，完全有能力抵达挪威空域执行轰炸任务并安全返航。换言之，如果当时有更合适的炸弹，这些轰炸机的表现也许会好得多。

转移到卡亚峡湾的决定，让"提尔皮茨"号躲过了一次很可能致命的空袭。到1944年，英国人总算有了对付"提尔皮茨"号的炸弹——12000lb的"高脚柜"简直是为这类空袭任务"量身定制"的。同年，英国皇家空军轰炸机部队第5大队下辖的2个中队开始列装"高脚柜"，他们的轰炸机也进行了相应改装。1944年9月的"破雷卫"行动正是由第5大队的军官们一手筹划的，他们指挥着携带巨型炸弹的轰炸机开展了一次史诗般的飞行任务：自英国本土起飞，穿越北欧诸国领空，最终降落在苏联北部的前线机场。这次行动中，真正的明星是"威利"·泰特中校（Wing Commander "Willy" Tait）指挥的第9和第617中队，他们在空袭中用"高脚柜"重创了"提尔皮茨"号，迫使她改变了锚泊位置——正处于从英国本土起飞的重型轰炸机的作战范围之内。

1942年后，所有空袭"提尔皮茨"号的行动都经过了周密计划。英国皇家空军和皇家海军为此分别制作了目标区域的大比例模型，帮助飞行员了解目标区域的地形地貌，这对在法滕峡湾或卡亚峡湾开展空袭至关重要。"提尔皮茨"号最后的锚泊地——哈考伊岛附近的地形对英军而言算不上棘手，他们只需要让轰炸机和机组克服航程增加带来的问题，同时期待一个晴朗的好天气：前者完全可以靠严谨的计划和一些好点子来解决，而后者就只能靠运气了。

第一次针对哈考伊岛锚泊地的空袭行动代号"消除"，英国人因天气突变铩羽而归。第二次空袭行动代号"问答集"，这次他们赶上了一个近乎完美的天气，有如天助般地将"提尔皮茨"号彻底摧毁。至此，英国人圆满地经历了一系列也许是第二次世界大战中最漫长的空袭行动。不过倾覆前的"提尔皮茨"号其实早已丧失了"存在舰队"的价值。对英国人而言，这样的结局与其说是达成了一项战略目标，倒不如说是了却了一桩夙愿。

▼ 1943年3月，奥托·施尼温德上将（Admiral Otto Schniewind）就任德国海军北方集群（Marinegruppen Kommandos Nord）司令，指挥挪威海域的所有德国海军舰艇。施尼温德上将原计划让"提尔皮茨"号战列舰更积极地投入作战行动，但没能得到希特勒的支持

作战过程
目标:"提尔皮茨"号战列舰

◀ 英军侦察机于1941年9月拍摄的"提尔皮茨"号战列舰。她当时靠泊在海军造船厂船坞入口处的码头旁。在海试和舰员训练期间,"提尔皮茨"号会时不时地靠泊于此,使这里成为英国皇家空军轰炸机经常光顾的"景点"

背景

1940年4月9日,德国入侵挪威。"希佩尔海军上将"号重巡洋舰在特隆赫姆峡湾炮击了挪威的岸防设施。当晚,特隆赫姆陷落。纳尔维克(Narvik)、卑尔根(Bergen)、斯塔万格(Stavanger)和奥斯陆(Oslo)也相继落入德军之手。整场战役一直持续到6月上旬,结果从一开始就毫无悬念——挪威全面沦陷,成为德国的占领区。不过,挪威附近海域的战事一直没有停息。在入侵挪威的作战行动中,德国海军共投入22艘驱逐舰、巡洋舰和战列巡洋舰,而且难能可贵地发挥了作用,但也付出了3艘巡洋舰和10艘驱逐舰战沉、2艘战列巡洋舰受损的惨重代价。对此,雷德尔元帅声称,哪怕损失海军的一半兵力去占领挪威都是值得的,因为他们能得到一个远离北海的理想基地。

在1941年6月入侵苏联前,德国一度忽视了挪威的战略地位。彼时,德国海军正集中力量在法国的大西洋沿岸地区建设海军基地,并针对北大西洋的盟军航运线开展袭扰行动。而威廉港内的"提尔皮茨"号战列舰尚处于舾装阶段,她因此错过了1941年初的"柏林"行动(Operation Berlin),这是德国海军舰队首次在北大西洋作战,"沙恩霍斯特"号和"格奈森瑙"号(Gneisenau)战列巡洋舰都参与其中。随后,1941年5月,德国海军又开展了以"俾斯麦"号战列舰和"欧根亲王"号重巡洋舰为核心的"莱茵演习"行动(Operation Rheinübung)。

5月27日,"俾斯麦"号在英国本土舰队的围歼中葬身海底。对"提尔皮茨"号的舰员们而言,唯一能聊以自慰的是,这艘姊妹舰的主装甲带在英军战舰的攒射下表现出惊人的防护力。不过,由于上层建筑和炮塔异常脆弱,"俾斯麦"号逐渐在炮火中变成了一座漂浮的废墟。英军巡洋舰发起的鱼雷攻击让她摇摇欲倾。最终,舰员们做出了艰难的决定,打开通海阀让"俾斯麦"号自沉,以免她落入英军之手。"俾斯麦"号沉没后,"提尔皮茨"号成为德国海军仅存的一艘齐装满员的战列舰。

英军针对"提尔皮茨"号的空袭行动始于1940年夏天。当时,法国刚刚沦陷，而"提尔皮茨"号正在威廉港内进行舾装。英军早期的空袭行动大多聚焦于港口，而非"提尔皮茨"号本身，因此后者得以毫发未损。1941年3月，"提尔皮茨"号穿过威廉皇帝运河（Kaiser Wilhelm Canal）抵达基尔港（Kiel），并以此作为海试基地。在通过侦察机掌握了"提尔皮茨"号的动向后，英军派出"惠特利"双发轰炸机（Whitley）对基尔港进行了小规模空袭。但这次行动受天气影响收效甚微。同年6月，"提尔皮茨"号又侥幸躲过了一次规模更大的空袭。她正式入役后，英国人便放弃了对基尔港的空袭。

1941年6月，德国对苏联的入侵改变了整个欧洲的战略态势。同盟国在自保和外交的压力下决定对苏联施以援手。同年8月，当德军坦克向莫斯科挺进时，盟军的一支小型护航船队也悄然驶向苏联。这支护航船队由6艘商船组成，行动代号"苦行僧"。它们首先在冰岛附近会合，然后向东航行，最终于8月31日抵达苏联北部的阿尔汉格尔斯克港口。"苦行僧"行动拉开了北极护航的序幕，这条连接英国与苏联的"海上生命线"具有无可替代的战略价值。整个战争期间，共有78批护航船队往返于北极航线，它们不仅要面对德军舰艇和战机的威胁，还要与恶劣的天气和海况搏斗。由于北极航线上的船队必须靠近挪威海岸线航行，自1941年8月开始，挪威的战略地位陡然上升。

1942年1月，"提尔皮茨"号的舰员完成训练，进入战备状态。13日，"俾斯麦"号穿过基尔运河，于当晚抵达运河西端。此时，"提尔皮茨"号发出了将要返回威廉港的报文，但这只是个诡计：她加满燃料，装满各类物资和备件，一路向北驶去。直到17日，英国人都对此一无所知——这艘德国战列舰在他们的视野里"消失"了。23日，当"提尔皮茨"号入驻法滕峡湾锚泊地时，英军侦察机才再次锁定目标。蜿蜒交错的法滕峡湾在特隆赫姆西北方16mile处，堪称完美锚泊地。"提尔皮茨"号锚泊处两岸跨度只有300yd，陡崖林立，易守难攻。

"涂油"行动

丘吉尔将空袭"提尔皮茨"号战列舰视为头等大事，并为此专门写道："任何目标的重要性都不能与之相提并论"。行动筹划期间，英国皇家海军航空兵首先排除了鱼雷攻击方案，而他们的俯冲轰炸机也太小了，携带的炸弹难以给"提尔皮茨"号造成致命伤害。因此，空袭任务最终落到了英国皇家空军轰炸机部队的头上。起初，英军计划在1月底发动夜袭，因为此时的满月能照亮目标。首次行动代号"涂油"。1月28日，27架重型轰炸机飞向位于苏格兰东北部的洛西茅斯空军基地。其中，16架"斯特林"轰炸机来自第15和第149中队，11架"哈利法克斯"轰炸机来自第10和第76中队。

这支轰炸机编队的飞行历程可谓险象环生。一架"斯特林"轰炸机在飞临一艘海岸巡逻船时被己方炮火误伤，另有一架在着陆时坠毁。1月30日，受维护不足和发动机故

▼卡尔·托普上校（Captain Karl Topp, 1895—1981年）是"提尔皮茨"号战列舰首任舰长（1941年2月—1943年2月）。他卸任舰长后获得晋升，转调到柏林从事行政工作。托普被舰员们昵称为"查理"（Charlie），外界普遍认为他是德国海军最优秀的舰长之一

障问题影响，仅有16架轰炸机（7架"斯特林"和9架"哈利法克斯"）具备出航条件，它们从洛西茅斯基地起飞，目标直指法滕峡湾。

洛西茅斯基地与法滕峡湾的直线距离超过600mile，单程航时长达三个半小时。轰炸机编队计划于1月31日清晨6时飞抵目标空域。如果抵达后受天气影响不能及时发现目标，那么它们所携带的燃料将不足以支撑到云开雾散之时。

参与任务的轰炸机混装了2000lb高装药量炸弹、穿甲炸弹和500lb半穿甲炸弹。其中，"斯特林"轰炸机携带6枚2000lb炸弹，"哈利法克斯"轰炸机同时携带2000lb和500lb炸弹。来自第10中队的4架"哈利法克斯"轰炸机都在中途因燃料不足返航。余下的轰炸机飞抵特隆赫姆峡湾时发现，1500ft高处的云层完全遮蔽了目标，而2000lb穿甲炸弹的投放高度是8000ft，因此已经不可能对目标实施精确轰炸。最终只有一架轰炸机朝着穿透云层射出的高射炮弹方向投下了炸弹。

临近清晨6时，德军侦测到6架飞越特隆赫姆峡湾的轰炸机，但随后丢失了目标方位，只能听到发动机的轰鸣声。于是，炮台上的高射炮开始对着云层盲射。尽管英军编队中没有任何一架轰炸机受损，但他们也没能伤到"提尔皮茨"号哪怕一根"汗毛"。机组成员们都无比沮丧，他们只能悻悻地踏上归途。一架"哈利法克斯"轰炸机在回程中坠毁，另有一架在着陆时坠毁。

▼ 1942年1月，锚泊在法滕峡湾内的"提尔皮茨"号战列舰，她身旁是拖船等辅助船只。可见前部主炮塔上的防水毡布掩盖了炮塔轮廓，舰桥上插满了杉树枝，这些措施都是为强化防空伪装效果

这次颗粒无收的行动显然是失败透顶的，而一切都要归咎于缺乏目标所在地的气象和地理信息。此后，英国皇家空军轰炸机部队开始尝试与挪威抵抗组织建立联系，以便在派出轰炸机前尽可能多地获取目标信息。有人提出用第217中队的"波弗特"轻型轰炸机（Beaufort）对"提尔皮茨"号开展有去无回的自杀式攻击，但这项轻率的提议不久后便遭否决。与此同时，针对"提尔皮茨"号的空中侦察活动一直在有序推进，轰炸机部队正等待着下一个合适的时机。

"体育宫"行动

起初，"提尔皮茨"号战列舰似乎做好了在挪威"安守一生"的准备：舰体装上了固定式伪装网，舰桥上则插满了杉树枝。1942年2月17日，她忽然去除伪装，冲出特隆赫姆峡湾开展了一场炮击训练。23日，在第5驱逐舰队的护航下，袖珍战列舰"舍尔海军上将"号和重巡洋舰"欧根亲王"号同时出现在特隆赫姆峡湾外，"提尔皮茨"号上则飘起了奥托·齐里亚斯中将（Vice Admiral Otto Ciliax）的将旗。显然，德国海军正在组建一支水面主力舰队。

但事情并没能按德国人预想的态势发展。"欧根亲王"号在进入峡湾时被英军潜艇"特里同"号（SS Triton）发射的鱼雷击中，身负重伤，不得不返回德国本土维修。即便如此，齐里亚斯麾下的舰队战斗力仍然可观。他此时担忧的并不是战舰，而是燃料。由于缺乏燃料，这支舰队无法倾巢而出。在获得一支北极护航船队出海的消息后，齐里亚斯将"舍尔海军上将"号留在挪威，亲自率领舰队中其他舰艇开启了破交之旅。

3月6日中午，"提尔皮茨"号与3艘驱逐舰一道离开特隆赫姆向北航行。齐里亚斯知道，PQ-12船队此时正驶向苏联摩尔曼斯克，而QP-8船队正驶向英国。他推测托维上将（Admiral Tovey）指挥的英国本土舰队会掩护这两支船队，但并不清楚英军的实力和所处方位。

齐里亚斯计划在扬马延岛（Jan Mayen Island）和熊岛（Bear Island）之间的水域拦截盟军船队。德国空军的侦察机也已经盯上了PQ-12船队，它们此时正在扬马延岛附近向北航行，接近齐里亚斯的预设阵地。齐里亚斯同时觊觎着QP-8船队，他派出"提尔皮茨"号上的"阿拉多"侦察机搜索目标，但稠密的海雾完全遮蔽了盟军船队的踪迹。不久后，德军侦察机也在浓雾中丢失了目标。至此，齐里亚斯只能在"黑暗"中摸索行动了。

托维的境遇与齐里亚斯相似，他知道"提尔皮茨"号已经出海。一旦双方交火，凭借手上的2艘战列舰、1艘战列巡洋舰以及1艘航空母舰，托维有信心击沉"提尔皮茨"号，但前提是要在浓雾中锁定她的位置。3月

◀ 1941年，奥托·齐里亚斯中将（Vice Admiral Otto Ciliax, 1891—1964年）就任德国海军战列舰部队司令（Befehlshaber der Schlachtschiffe）。1942年2月，他成功指挥了"海峡冲刺"行动（Channel Dash，德军正式行动代号为"雷霆－瑟布鲁斯"，行动中，德军实施了欺诈战术，使驻扎在法国西部的"沙恩霍斯特"号和"格奈森瑙"号顺利通过英吉利海峡返回德国本土，译者注）。次月，齐里亚斯以"提尔皮茨"号为旗舰，指挥了"体育宫"行动。随后，他擢升为挪威地区德国海军部队司令

▲ 1942年3月9日清晨，"提尔皮茨"号战列舰与一艘伴航的驱逐舰在洛夫腾岛附近海域。这幅照片由英国皇家海军舰队航空母舰"胜利"号上的"大青花鱼"鱼雷轰炸机拍摄。照片中可见"大青花鱼"的机翼，此时飞行员正进行滚转操作，压低一侧机翼，以便观察员拍摄海面景物。

7日16时，"提尔皮茨"号大致位于PQ-12船队与英国本土舰队之间，向东距PQ-12船队60mile，向西距英国本土舰队80mile。

与此同时，德军驱逐舰"弗里德里希·伊恩"号（Friedrich Ihn，Z-14）与苏联货船"依佐拉"号（Izhora）遭遇。这艘不幸从QP-8船队中掉队的货船很快在"弗里德里希·伊恩"号的炮击中沉没。齐里亚斯意识到，他的舰队已经与返回英国的QP-8船队擦肩而过。3月8日10时45分，齐里亚斯决定用一天时间向西航行，以搜捕QP-8船队。而此时他的舰队只剩下"提尔皮茨"号一艘战舰——前一天晚上，他命令麾下驱逐舰返回纳尔维克港补充燃料。当天晚上20时25分，苦寻无果的齐里亚斯下令调转航向，向南返回特隆赫姆基地。凭借破译的密码，托维对德军的行动了如指掌。他很清楚，消灭"提尔皮茨"号的唯一方法就是以空袭削弱她的实力，从而为舰队开展围歼战创造机会。值得注意的是，在一年前指挥围歼"俾斯麦"号的战斗中，托维也面临着类似的情况。现在，一切都要寄希望于"胜利"号航空母舰上的舰载机飞行员了。

整个晚上（指3月8日晚至9日凌晨），"提尔皮茨"号都在向南航行。而托维的舰队一直在向西南方航行，他计划在天亮前找到合适位置，向"提尔皮茨"号发起空袭。翌日黎明，"提尔皮茨"号正位于洛夫腾岛以西海域，齐里亚斯希望在这里与补充完燃料赶来的驱逐舰会合。如果有必要，"提尔皮茨"号也可以停泊在纳尔维克。"胜利"号航空母舰上有18架"大青花鱼"鱼雷轰炸机，它们来自英国皇家海军航空兵第817和第832中队。英军计划在破晓前派出6架"大青花鱼"侦察"提尔皮茨"号的具体方位，余下12架则组成空袭编队。这些"大青花鱼"由第832中队的卢卡斯少校（Lieutenant Commander Lucas）统一指挥。日出前，天气开始好转，海面上的浓雾渐渐散去，能见度还算不错，云底高度是4000ft。

9日早上6时40分，执行侦察任务的"大青花鱼"悉数起飞，以扇形编队向东南方搜索"提尔皮茨"号，飞行高度比云底稍低。7时32分，执行空袭任务的"大青花鱼"也倾巢而出。对英军而言，这无疑是一场豪赌。如果他们在燃油耗尽前一直没能发现"提尔皮茨"号的踪迹，就意味着要返航加油，直到中午才能发起下一次攻势。所幸，8时03分，"提尔皮茨"号清晰地出现在"大青花鱼"机组成员们的视野中。此时，她正在"弗里德里希·伊恩"号驱逐舰的伴随下在洛夫腾岛以西海域向南航行。3架发现目标的"大青花鱼"随即开始在"提尔皮茨"号上空盘旋。8时10分，德军发现了头顶的"大青花鱼"。20分钟后，一架"阿拉多"侦察机从"提尔皮茨"号上弹射起飞，试图驱离那些"大青花鱼"。"阿拉多"侦察机在勇猛地向一架"大青花鱼"发起进攻后负伤漏油，不得不挣扎着飞往东南方75mile外的博多机场（Bødo Airfield）迫降，因为此时的"提尔皮茨"号根本不可能停下来回收它。

8时05分，接到侦察机报告后，卢卡斯命令空袭编队调整航向，飞往"提尔皮茨"号所在海域。与此同时，齐里亚斯也预感到英军航空母舰可能派出舰载机发起空袭，因此下令向东航行，取道挪威海岸与洛夫腾岛之间的莫斯克内斯海峡（Moskenes Strait），前往位于纳尔维克的韦斯特峡湾（Vestfjorden）。途中，齐里亚斯向博多附近的德国空军基地发出了空中支援请求。战时记录显示，德国空军收到了他的求援信息，但由于空军与海军间的协调机制糟糕透顶，这条信息在空军内部逐级上报的过程中被搁置了。尽管一个中队的崭新的Fw-190战斗机飞到"提尔皮茨"号所在海域用不了10分钟，但他们宁愿眼睁睁看着自己的海军同僚孤军奋战。

8时42分，卢卡斯目视发现"提尔皮茨"号，她正在空袭编队西南方20mile海域，高速向东航行。此时，空袭编队的飞行高度是500ft，低于德军海岸雷达的探测高度。随后，卢卡斯命令编队爬升至云层高度，以便出其不意地接近目标。然而，挂载鱼雷的"大青花鱼"最高飞行速度只有130kn（约241km/h），此外还要顶着35kn的东风，这意味着他们至少要30分钟才能飞抵进攻位置。参与空袭的12架"大青花鱼"分为4个攻击小队，每小队3架。按计划，卢卡斯在领导整个空袭编队的同时，还负责指挥一个来自832中队的小队，而817中队指挥官萨格登少校（Lieutenant Commander Sugden）则负责指挥本中队的2个小队，以及832中队的另一个小队。糟糕的是，临近发起攻击时，4个攻击小队忽然乱了阵脚。最终，卢卡斯指挥着2个分别来自832和817中队的小队，萨格登指挥着余下的2个小队各自投入战斗。

"体育宫"行动，1942年3月9日

1942年3月6日，"提尔皮茨"号战列舰从特隆赫姆峡湾启航，奉命拦截北极航线上的盟军PQ-12船队，行动代号"体育宫"。这是一次精心策划的拦截行动，但盟军护航船队在坏天气的掩护下顺利溜走。最终，行动指挥齐里亚斯中将不得不率领"提尔皮茨"号返航。3月9日清晨，英军航空母舰"胜利"号上的搜索机在洛夫腾岛以西海域发现了有驱逐舰伴航的"提尔皮茨"号。随后，皇家海军航空兵以12架"大青花鱼"战机对"提尔皮茨"号发起空袭。英军空袭编队于当日8时42分锁定"提尔皮茨"号，分两组从两舷向其发起攻击。

第一波攻击始于9时20分，位于"提尔皮茨"号左舷的6架"大青花鱼"投下了6枚鱼雷，但都没能命中目标。随后，位于"提尔皮茨"号右舷的6架"大青花鱼"进入攻击航路。他们的飞行速度很慢，而且要顶风逆行，因此整个接近过程非常艰难。在距"提尔皮茨"号右舷2000yd时，他们降至100ft高度，准备投放鱼雷。"提尔皮茨"号和伴航驱逐舰"弗里德里希·伊恩"号的高射炮火异常猛烈。9时25分，6架"大青花鱼"投下鱼雷，然后开始向南方爬升脱离。其中2架在投放鱼雷前就不幸中弹。下页的彩绘图描绘了萨格登指挥的817中队攻击小队投放鱼雷的场面：编号5B和5L的"大青花鱼"投下了18in鱼雷，编号5C的"大青花鱼"被高射炮击中，即将坠入海中。由于"提尔皮茨"号当时正处于航向调整状态，12枚鱼雷都没能命中目标。这次失败的空袭行动导致英军6名机组成员丧生。

卢卡斯命令所有攻击小队自由攻击，而非协同行动。这反映了当时英国皇家海军航空兵的基本战术思想。据英军教科书描述，完美的鱼雷攻击过程是这样的：鱼雷机编队首先飞到目标前方约 1.5mile 处，开始攻击前，半数鱼雷机转向目标左舷，半数鱼雷机转向目标右舷，同时向两舷发起进攻。进行上述机动时，鱼雷机要将飞行高度降低到距海面 200ft。释放鱼雷前，还要再次将飞行高度降低到距海面 50~100ft。"大青花鱼"能携带 1 枚 18in 鱼雷，这型鱼雷在 40kn 航速时的射程是 1500yd，战斗部装 388lb 炸药，采用触发引信。如果在距目标 1500yd 处投放，那么 18in 鱼雷要航行 68 秒才能触及目标。由于目标也在不断移动，"大青花鱼"必须引导目标航向，使其预期航迹与鱼雷预期航迹交汇于一点。"提尔皮茨"号当时的航速是 28kn，这意味着"大青花鱼"要在距其舰艏 1400yd 处投放鱼雷。

英军教科书要求飞行员在距目标 1000yd 以内投放鱼雷。在教科书编纂者的想象中，缓慢接近目标的飞机会受到敌人的"礼遇"，不会遭到火炮的攒射，但"大青花鱼"的机组成员们显然面临着与此截然相反的情况。要想驾驶像"大青花鱼"这样"笨拙"的双翼机开展完美的鱼雷攻击，所需的绝不仅仅是照本宣科式的训练。投放点距目标越远，鱼雷触及目标所需的时间就越长，机组成员投放前所需计算的提前量也越大。同时，目标舰也会有更长的反应时间去调整航路、规避鱼雷。

9 时 17 分，空袭机群穿过云层，正式发起攻击。此时，"提尔皮茨"号正处于空袭机群前方，以全速相向而行。空袭机群最初分为 4 个小队，2 个小队预计从"提尔皮茨"号左舷发动攻击，另 2 个小队则从其右舷发动攻击。卢卡斯首先率队发难。9 时 20 分，他指挥的 832 中队第 1 小队的 3 架"大青花鱼"（编号 4A、4B 和 4C）位于"提尔皮茨"号左舷 1mile 处。尽管高射炮火十分猛烈，但处于待命状态的其他 3 个小队成功分散了德军的注意力，使第 1 小队得以顺利进入攻击位置。卢卡斯命令本小队飞机向右偏航，在 9 时 20 分 30 秒时投下鱼雷，此时距目标不到 1500yd。站在"提尔皮茨"号舰桥上的托普看到了"大青花鱼"投下的鱼雷，他立即下令左满舵。如此一来，"提尔皮茨"号开始迎着冲过来的 3 枚鱼雷航行，同时甩开了在右舷方向聚集的 6 架"大青花鱼"。

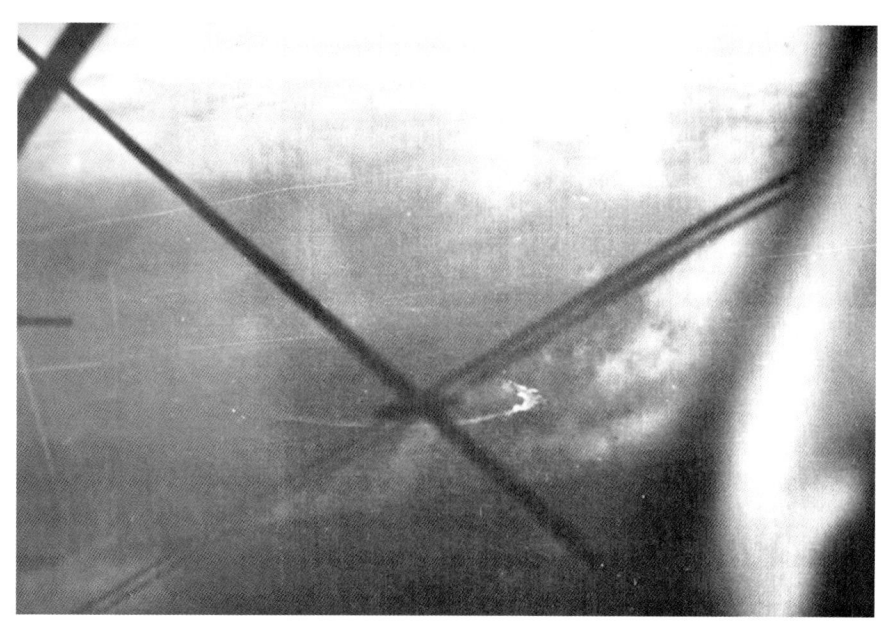

▶ 这幅照片由执行第二波攻击任务的"大青花鱼"鱼雷轰炸机拍摄。此时，这架飞机正在飞往攻击位置途中。"提尔皮茨"号战列舰正进行左满舵机动，以规避执行第一波攻击任务的"大青花鱼"投下的鱼雷

▲ 隶属第817中队的5L号和5B号"大青花鱼"鱼雷轰炸机，它们在向"提尔皮茨"号战列舰投放鱼雷后试图通过偏航－爬升机动脱离攻击位置。这幅照片由第832中队的4R号"大青花鱼"拍摄，此时它位于两机右侧500yd处。这3架"大青花鱼"最终都顺利返回"胜利"号航空母舰

　　首批3枚鱼雷都擦着"提尔皮茨"号的舰艉驶过，没能击中目标。随后，卢卡斯指挥的来自817中队的"大青花鱼"三机小队（编号5M、5H和4G）也做好了攻击准备。机组成员们发现自己正处于"提尔皮茨"号右舷艉部，于是越过其航迹，再次从左舷发起进攻。"提尔皮茨"号的左满舵机动刚好使他们处于理想攻击位置。9时21分30秒，3架"大青花鱼"投下鱼雷后立即撤离。然而，机组成员们高估了18in鱼雷的射程，由于投放点距"提尔皮茨"号尚有2000yd远，3枚鱼雷都没能触及目标。据卢卡斯报告，有一枚鱼雷距"提尔皮茨"号仅150yd远。

　　至此，空袭任务的成败就全系于萨格登少校率领的2个攻击小队了（分别来自817中队和832中队）。萨格登命令麾下飞机在"提尔皮茨"号右舷前方抢占攻击位置。这6架"大青花鱼"吸引了"提尔皮茨"号和"弗里德里希·伊恩"号的全部防空火力。他们几乎是直顶着35kn的东风飞行，因此抢占攻击位置的过程异常艰难而缓慢。9时25分，"提尔皮茨"号再次左满舵机动，准备向东航行，这使萨格登的攻击小队获得了有利位置。

　　此时，萨格登机群距"提尔皮茨"号右舷2500yd，2个攻击小队纵向编队飞行。不久后，萨格登命令机群偏航，进入攻击航路。南面，832中队的4M号"大青花鱼"在"提尔皮茨"号左满舵后30秒投下鱼雷。在它北方1000yd处，2架萨格登亲自指挥的817中队"大青花鱼"（编号5L和5B）几乎同时投下鱼雷。位于萨格登右侧的832中队的4R号"大青花鱼"也投下了鱼雷。与此同时，832中队的4P号"大青花鱼"和817中队的5C号"大青花鱼"均不幸被高射炮击中，相继坠海。

　　4枚鱼雷径直扑向正在向东航行的"提尔皮茨"号。但这些鱼雷投放得太早了（战后调查表明投放点距目标1600yd），它们最终都从"提尔皮茨"号前方驶过，最近的一枚距其舰艏仅20yd。"提尔皮茨"号上的拉德尔上尉（Lieutenant Räder）战后回忆说，他看到一名英军机组成员在自己的双翼机被波涛吞没时坐在机翼上。英军飞机悉数脱离战场后，"提尔皮茨"号继续驶向韦斯特峡

湾，在当晚20时前抵达博根峡湾锚泊。这里位于正对纳尔维克的奥夫特峡湾（Ofotfjorden）延伸处。

幸存的"大青花鱼"在当天上午11时前全部返回"胜利"号航空母舰，英军没有再次组织空袭。"胜利"号舰长伯维尔上校（Captain Bovell）在报告中批评了卢卡斯，说他们缺乏经验，从不利的位置贸然发起攻击。英军上下都认为这是一次令人沮丧的空袭行动，反而是德军方面，尤其是齐里亚斯，认为英军飞行员展现出了可敬的勇气，值得嘉奖。无论如何，英国皇家海军航空兵没能实现预定目标。当时很少有人意识到，这是英国本土舰队最后一次能在外海重创"提尔皮茨"号的机会。

"提尔皮茨"号在博根峡湾逗留了三天。临近3月12日午夜，她与5艘驱逐舰在夜色掩护下溜出了峡湾。英军对"提尔皮茨"号的动向一无所知，直到3月13日晚上，挪威当地线人才告知他们"提尔皮茨"号已经返回法滕峡湾。"体育宫"行动在令双方焦头烂额的同时，也对战势发展产生了深远影响。希特勒听闻"提尔皮茨"号遭袭后立即下令，在肃清英军航空母舰前，主力舰不得出击——这几乎将"提尔皮茨"号"钉死"在法滕峡湾。

英国皇家空军轰炸机部队的再次尝试：1942年3—4月
3月的空袭

英国皇家空军轰炸机部队再次奉命空袭"提尔皮茨"号。他们首先否决了昼间空袭的方案，因为这样做的风险远高于良好目视条件给轰炸精度带来的贡献。如此一来，就只剩夜间空袭一个选项，而且要尽可能在满月时开展行动，以借助月光辨识目标。考虑到既有轰炸机的航程，任务机场只能在苏格兰东北部选择。有别于此前任务的是，皇家空军轰炸机部队这次拥有了两型得力的新弹药：其一是4000lb高装药量炸弹"街区破坏者"（即"饼干"），它的投放高度不能低于4000ft，否则就有殃及轰炸机自身的风险；其二是球状触发引信水雷，它经过特殊改装，能由重型轰炸机携带并投放。

3月27日，第5轰炸机大队所辖第44中队和第97中队的12架"兰开斯特"轰炸机（每中队6架）飞抵洛西茅斯机场，第4轰炸机大队所辖第10中队派出

▶ "哈利法克斯"是汉德利·佩奇公司根据英国航空部1936年提出的要求设计制造的一型性能可靠的四发重型轰炸机。由于弹舱无法改造，难以挂载"高脚柜"等巨型炸弹，它在任务弹性上略逊于阿芙罗公司的"兰开斯特"轰炸机

10架"哈利法克斯"轰炸机同行。此外，同样来自第4大队的第35中队的12架"哈利法克斯"和第76中队的10架"哈利法克斯"进驻附近的泰恩（Tain）和金罗斯（Kinloss）机场。上述飞机都经过特殊改装，以携带更多燃料。按计划，所有"兰开斯特"和第76中队的"哈利法克斯"将携带4000lb"饼干"炸弹和500lb炸弹，而第10中队和第35中队的"哈利法克斯"则携带4枚水雷。

10架携带"饼干"炸弹的"哈利法克斯"将率先飞往"提尔皮茨"号所在峡湾，并在4000~5000ft高度向目标精确投放炸弹。投下"饼干"后，这些轰炸机将在峡湾上空盘旋，并将500lb炸弹投放在附近的高射炮阵地上。与此同时，12架"兰开斯特"将在附近的瓦尔内斯机场投下"饼干"炸弹。按计划，这次空袭应在1942年3月30日晚上21时45分至22时30分进行。

在第二波攻击中，22架携带水雷的"哈利法克斯"将从西侧接近"提尔皮茨"号，并在600ft高度投放水雷。它们的目标投放区域是"提尔皮茨"号的舰艉、舰艉后方水域及舰体与海岸间的水域。英军希望这次空袭能重创"提尔皮茨"号，迫使她返回德国本土维修。然而，他们的炸弹和水雷此前都没有攻击主力舰的实战案例。

在行动开始前的最后时刻，英军决定弃用"兰开斯特"。3月30日傍晚18时，32架"哈利法克斯"陆续起飞，直奔北海方向。皇家海军的数艘驱逐舰在机群所经航路上待命，随时准备向在海上迫降的机组施以援手。这次任务的去程航时为3.5小时，回程由于要经过奥克尼群岛和设得兰群岛，还要额外耗费30分钟。飞至距挪威海岸100mile时，机群将飞行高度降低到500ft，以规避德军的海岸雷达。但事实上，德军早已发现它们，并做好了防御准备。

机群飞往目标空域途中平安无事。当执行第一波攻击任务的第76中队的"哈利法克斯"飞抵峡湾上空时，机组成员们沮丧地发现，1000~6000ft高度积聚着厚厚的云层，将"提尔皮茨"号遮得严严实实。22时，正在苦寻"消失"的"提尔皮茨"号的英军轰炸机群，突然遭到峡湾附近德军高射炮的攻击。对"提尔皮茨"号的舰员们而言，与其说是"看"见了敌机，倒不如说是"听"见了敌机。托普舰长严禁舰上各高射炮位开火，以免暴露本舰位置。

峡湾周围的德军防空火力十分猛烈。英军接连损失了4架轰炸机。他们向着峡湾附近的高射炮阵地投下了25枚炸弹，但"提尔皮茨"号依然完好无损。英军轰炸机在峡湾上空不断盘旋，直到燃料告急才无奈返航。2架受重创的轰炸机在北海迫降。最终，英军共损失6架轰炸机，其中2架来自第10中队，3架来自第35中队，1架来自第76中队。有关这次行动的官方报告称："致密的云层以及峡谷和峡湾上空的浓雾，导致难以识别目标"。实际上，那些执行任务的英军机组成员自始至终都没能看到"提尔皮茨"号的身影。

4月的首次空袭

至此，英国皇家空军轰炸机部队又回归到对德国的"日常性"轰炸任务中。英军侦察机拍摄的照片显示，"提尔皮茨"号战列舰依旧在严密的伪装网和防鱼雷网保护下，静静地锚泊在法滕峡湾，而且周围的防空设施得到了加强，驻瓦尔内斯空军基地的德国空军部队实力也与日俱增。丘吉尔和战时内阁成员们坚持认为，应尽快再次组织空袭"提尔皮茨"号。于是，皇家空军轰炸机部队的指挥官们开始着手制定新空袭计划。从执行方式上看，新旧计划间的差异微乎其微，只是前者的任务起始时间推迟了一些，定在午夜时分。在英军看来，此时德军驻防部队的警惕性多少都会降低一些。

经验表明，当投放高度低于6000ft时，"饼干"炸弹很可能殃及轰炸机自身，因此新计划相应调整了轰炸航路。与之类似，空投水雷的最佳高度是150ft，因此携带水雷的轰炸机也调整了航路。新计划中，轰炸机群的去程和回程航线都更靠近奥克尼群岛和设得兰群岛，这样能提高在海面迫降的机组成员的获救概率。此外，英军还制作了法滕峡湾的缩比模型，以帮助机组成员们掌握目标地地理情况。

上次空袭"提尔皮茨"号行动中，德军在英军轰炸机投弹前就发现了他们，英军事后认为这是德军海岸雷达站发挥了作用。因此，为迷惑德军雷达站，英军计划在不同地点发起佯攻：一个中队的"哈德逊"轰炸机（Hudson）将空袭特隆赫姆以南150mile处的阿列桑德岛（Ålesund）附近的船只，与此同时，双机编队的"波弗特"轰炸机将采取"打了就跑"的战术袭击特隆赫姆附近的莱德机场（Lade）、瓦尔内斯机场，以及卑尔根附近的赫尔德拉机场（Herdla）。

在最后的任务通报会上，行动指挥要求轰炸机飞行员沿特隆赫姆峡湾飞行，并在"提尔皮茨"号以西1.5mile处的萨尔托亚岛上空进入轰炸航路。完成投弹后向左飞越洛尔峡湾，沿特隆赫姆峡湾北岸返航。针对携带水雷的轰炸机，行动指挥特别强调，如果无法确定目标具体位置，就将水雷投放到目标泊位旁的山坡上，这样水雷就会滚落到目标与海岸间爆炸。由于水雷的理想投放高度是150ft，这意味着轰炸机要在脱离战位时规避"提尔皮茨"号的桅杆，后者距水面高度为165ft。

空袭行动计划于4月25日晚进行，但自25日开始连续两天的时间里，出航机场一直大雾弥漫。直到27日晚20时，天气情况好转，轰炸机群才领命起飞。出发后不久，2架"兰开斯特"轰炸机因发动机故障被迫返航，1架作备份机的"兰开斯特"随即起飞顶上。最终飞向目标的轰炸机共42架，包括31架"哈利法克斯"和11架"兰开斯特"，它们的巡航高度是5000ft。

轰炸机群按计划首先飞越设得兰群岛，然后转向东北方飞行，直至距挪威海岸70mile远的阿列桑德岛空域，接着转向正北方飞行，最后抵达特隆赫姆峡湾空域，转向西北方准备攻击。执行第一波攻击任务的机群按计划将于午夜前不久飞抵特隆赫姆峡湾。任务开始后2小时，一架"哈利法克斯"因发动机故障返航，余下的轰炸机在克里斯蒂安松（Kristiansund）空域爬升至12000ft高度，开始向目标空域做最后冲刺。

不幸的是，德军已经识破了英军轰炸机群兵分多路的诡计，并早早做好了战斗准备。英军的一位机组成员回忆："靠近海岸时，我们看到了陆地上的高射炮阵地，飞越那片空域时，我们的担忧变成了现实。"这一切都要归咎于"波弗

▶ 地勤人员正在为一架"哈利法克斯"轰炸机挂载500lb通用炸弹。在1942年早期针对"提尔皮茨"号战列舰及法滕峡湾附近高射炮阵地的空袭行动中，这型炸弹是英军的主力弹药之一

▲ 在法滕峡湾锚泊期间，"提尔皮茨"号战列舰的舰员们得以将各种伪装术烂熟于心。舰体上所有尖锐的凸出部位都有油毡或其他合适的材料覆盖。遍布舰体的杉树枝有助于模糊甲板轮廓。一系列伪装网从舰体延伸到岸上和一旁停泊的小艇上，有效模糊了舰体轮廓

特"轰炸机对特隆赫姆机场进行的干扰性空袭。这样看似"聪明"的佯攻反而提高了德军高射炮部队的警惕性。当英军轰炸机群主力飞抵特隆赫姆峡湾时，毫无疑问地受到了来自德军高射炮部队的"最高礼遇"。

英军的第一波攻击由挂载4000lb"饼干"炸弹的"兰开斯特"发起，来自第76中队的"哈利法克斯"紧随其后。轰炸机群进入最后的轰炸航路前，机组成员们惊讶地发现，有些布置在峡湾两岸陡崖上的高射炮，实际上是压低了炮管在俯射他们。探照灯、照明弹和曳光弹瞬间照亮了夜空。这一次，英军轰炸机群处于云层之下，他们的目标——"提尔皮茨"号，清晰可见。

飞越萨尔托亚岛进入轰炸航路时，英军轰炸机群遭遇了德军高射炮打出的盒状弹幕。一架第97中队的"兰开斯特"中弹，滚转着坠向东面的山涧，7名机组成员无一生还。所幸其他轰炸机都设法穿越了弹幕。午夜0时06分，领头的第44中队的"兰开斯特"在7500ft高度向目标位置投下"饼干"炸弹。随后，第一波次的其他轰炸机也相继投弹。有些英军机组成员声称击中了"提尔皮茨"号，但事实是没有一枚炸弹中的。

此时的"提尔皮茨"号尚清晰可见，因为德军还没来得及释放烟幕。0时12分，德军开始释放烟幕。携带水雷的"哈利法克斯"抵达目标上空时，峡湾四周空域已经被烟幕笼罩。很多英军机组成员根本无法看清"提尔皮茨"号，只能透过烟幕向着他们预想中的目标点投下炸弹或水雷。有些轰炸机甚至在投弹前不得不多绕了一圈来确定投弹点。最终，"完成"任务的轰炸机转向北方脱离战位。一架第76中队的"哈利法克斯"动作慢了半拍，阴差阳错地将"饼干"炸弹投到了袖珍战列舰"舍尔海军上将"号旁。

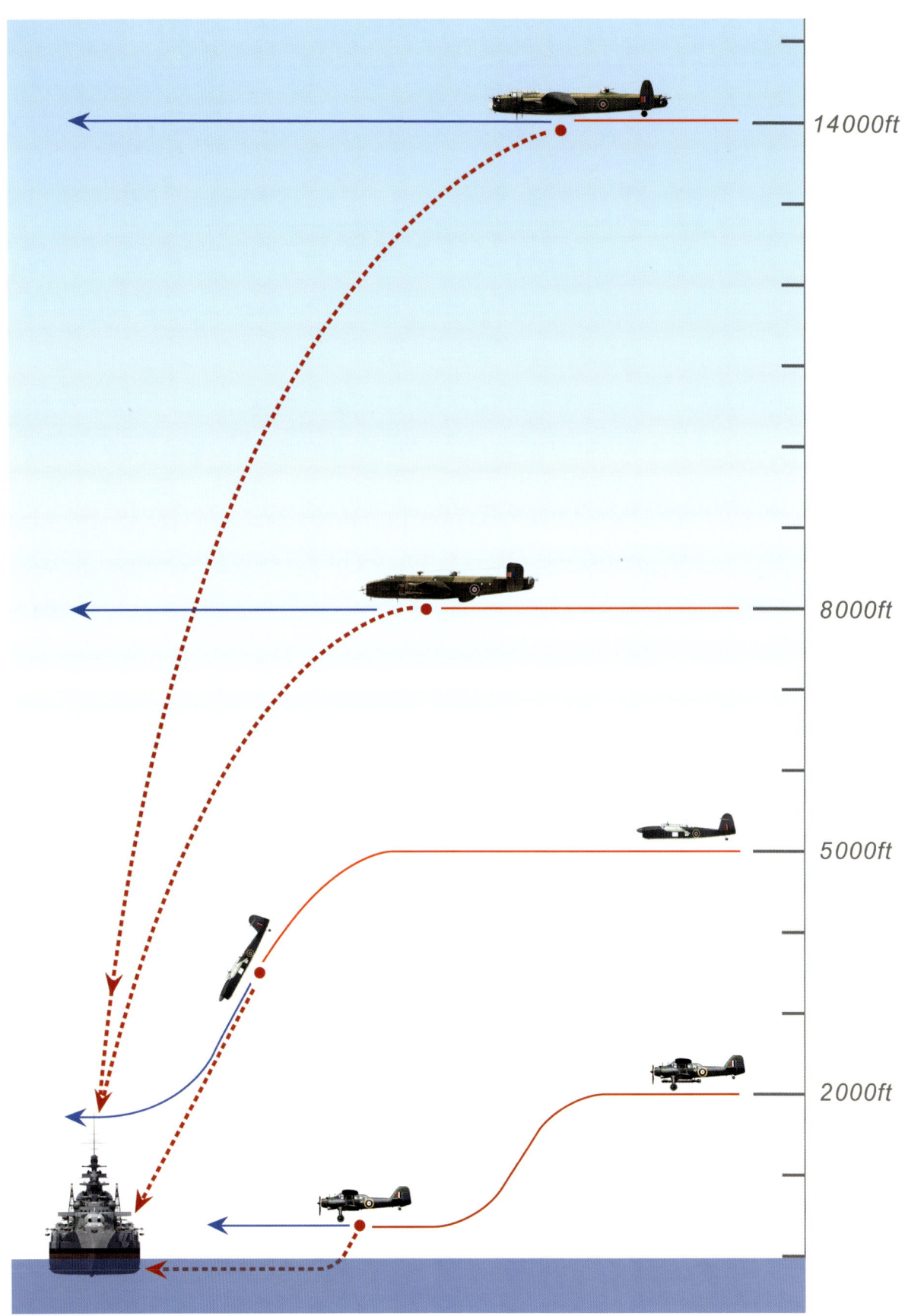

对页图： 1942—1944 年，英军空袭"提尔皮茨"号战列舰行动中的轰炸战术

图中最上方是阿芙罗公司的"兰开斯特"轰炸机，它能挂载 1 枚 12000lb"高脚柜"深穿炸弹。投放"高脚柜"的最佳高度是 13500~14000ft，配速为 200mile/h。英军在三次空袭"提尔皮茨"号行动中使用了"高脚柜"，实际投放高度在 12000~17400ft 之间。精确轰炸时的投放点是利用 SABS Mark ⅡA 型瞄准仪计算得出的。炸弹在下落过程中会高速旋转，以提高落点精度。具有坚固结构和极高弹着速度的"高脚柜"能轻易穿透战列舰的水平装甲，即使是一枚失落弹也足以靠"地震效应"给一艘主力舰的水下结构造成极大破坏。

英国皇家空军轰炸机部队在 1942 年对法滕峡湾的空袭行动中一直使用汉德利·佩奇公司的"哈利法克斯"轰炸机。这型轰炸机的安全投弹高度为 6000~8000ft，配速为 220mile/h。1 月的空袭行动失败后，为有效提高落点精度，"哈利法克斯"的投弹高度降低到 6000ft 左右。如果进一步降低投弹高度，那么它在投放 4000lb 高装药量炸弹时就可能殃及自身。"哈利法克斯"投放球状水雷的理想高度是 200~250ft。

英国皇家海军航空兵的"梭鱼"鱼雷轰炸机在 1944 年晚春到盛夏间参与了空袭"提尔皮茨"号行动。这型轰炸机通常以 5000ft 高度接近目标，再以 45°或更大角度发起俯冲攻击，最后在 3500ft 高度投下炸弹。它的俯冲角度不能大于 65°，否则会导致结构性损伤。"梭鱼"能携带的最重的炸弹是 1600lb 穿甲炸弹。这型炸弹的气动外形独特，下落过程中能高速旋转，弹着速度极高，具备较强的穿甲能力。

费尔雷公司的"大青花鱼"鱼雷轰炸机也能携带炸弹。这幅图展现了 1942 年早期英国皇家海军航空兵的"大青花鱼"对"提尔皮茨"号进行鱼雷攻击时采用的战术。实战中，这型双翼机会以 2000ft 高度接近目标，然后逐渐降高，直到距海面 100ft 时，以 100kn 的飞行速度投放 18in 鱼雷。理想的鱼雷投放点与目标距离应为 1000yd，但实际投放距离往往超过 1500yd。考虑到 18in 鱼雷的航速是 40kn，其预期航迹应指向目标舰舰艏前方，才能确保击中目标舰。

第一波攻击尚未结束，这些轰炸机还要将 500lb 炸弹投到德军的高射炮阵地上，然后在阵地上空盘旋，在第二波机群到来时吸引德军防空火力。第二波攻击编队由携带水雷的第 10 中队和第 35 中队的"哈利法克斯"组成。他们于 0 时 25 分飞越特隆赫姆峡湾。飞过萨尔托亚岛时，机组成员们发现整个法滕峡湾都笼罩在烟幕中，于是不得不将飞行高度降低到 250ft。第 35 中队的"哈利法克斯"一马当先，于 0 时 40 分发起攻击。

尽管德军高射炮部队做好了充足的准备并时刻保持警惕，但那些原本用来打击高空集群目标的高射炮，面对低空迫近的轰炸机还是有些力不从心，英军因此意外达成了奇袭的效果。大部分轰炸机的机组成员都没能看清烟幕中的"提尔皮茨"号，但事先对法滕峡湾缩比模型的深入研究帮了他们的大忙。第 35 中队的 11 架轰炸机中，有 7 架成功在目标区域投下水雷。其中一架投下的水雷正中一艘巡逻船。接近目标过程中，一架"哈利法克斯"在阿森峡湾不幸被高射炮击落。

水雷投放完毕后，这些轰炸机相继向左飞越洛尔峡湾，朝特隆赫姆峡湾方向撤离。最后一个轰炸编队由来自第 10 中队的"哈利法克斯"组成，他们于凌晨 1 时 05 分飞抵目标空域。受致密烟幕的影响，"提尔皮茨"号的身形几乎完全消失在机组成员的视野中，他们只能"摸索"着在 200ft 或更高的位置间续投下了水雷。参与任务的瓦茨中尉（Flying officer Watts）回忆："烟幕非常浓密，看起来像凝固了一样，我们感觉是一头扎进了一大团棉花里。我们甚至不知道自己是不是在移动，丧失了方位感。我们只知道自己正掠过一座峭壁……迎面冲向另一座峭壁，整个过程中我们几乎什么也看不见。"最终，瓦茨凭借自己的判断投下了水雷，他的轰炸机随后爬升脱离，避开了前方的峭壁。瓦茨对此打趣道："没人希望像只苍蝇一样被拍死在墙上。"

▲ 在英国皇家空军轰炸机部队于 1942 年春季对锚泊法滕峡湾的"提尔皮茨"号战列舰开展的多次空袭行动中，500lb 半穿甲炸弹从未缺席。英国皇家海军航空兵在 1944 年夏季对锚泊卡亚峡湾的"提尔皮茨"号进行的空袭中也使用了这型炸弹

凌晨 1 时 20 分，所有英军轰炸机都踏上了归途。一架第 10 中队的轰炸机在特隆赫姆峡湾迫降，另有一架严重受损的轰炸机在挪威内陆冰封的霍克林根湖（Lake Hoklingen）迫降。这两架轰炸机的机组成员都奇迹般地幸存下来，除一名重伤员外，其余人员都设法穿越了瑞典边境，摆脱了被俘的命运。此役，英军共损失 5 架轰炸机，包括 4 架"哈利法克斯"和 1 架"兰开斯特"。即便如此，"提尔皮茨"号依旧毫发无损。没有一枚"饼干"炸弹和水雷能击中目标。翌日清晨，"提尔皮茨"号的舰员们发现峡湾的水面上漂满了死鱼，这是英军水雷仅有的战果。筋疲力尽的轰炸机组成员们回到基地后倒头便睡，他们做梦也不会想到，自己的司令官已经决定第二天晚上再发动一次空袭。

4 月的第二次空袭

上次空袭中，携带水雷的轰炸机飞临法滕峡湾时，"提尔皮茨"号战列舰已经完全笼罩在烟幕中。因此这次空袭的时间安排变得更加紧凑，两波轰炸的间隔时间更短。第一波轰炸机群由 9 架第 76 中队的"哈利法克斯"轰炸机，以及 12 架分别来自第 44 中队和第 97 中队的"兰开斯特"轰炸机（2 个中队各 6 架）组成。除一架第 76 中队的"兰开斯特"混合挂载了数枚小型炸弹外，其余轰炸机都挂载了 4000lb "饼干"炸弹，以及 250lb 或 500lb 炸弹。第二波轰炸机群由来自第 10 中队和第 35 中队的 15 架"哈利法克斯"组成，统一携带水雷。

4 月 28 日晚 20 时 30 分，轰炸机群起飞奔赴目标空域。一架携带水雷的"哈利法克斯"受困于机械故障没能起飞，导致第二波轰炸机群只剩下 14 架轰炸机。此次空袭，英军为迷惑德军雷达站而开展的干扰性空袭将不再大张旗鼓，且轰炸时间点将选在主力机群抵达目标空域之后，以免德军提早布防。在主力机群前方，执行干扰性空袭任务的 4 架"波弗特"轰炸机飞越了挪威海岸，并持续监视着德军战斗机的动向。有报道说当晚特隆赫姆峡湾上空出现了多架德军"夜间战斗机"，但事实证明这纯属误判：所谓的德军战斗机很可能就是英军的"波弗特"轰炸机，因为它们在主力机群飞越特隆赫姆峡湾时一直在附近空域盘旋。的确有一架德国空军战斗机曾在附近现身，但它接到命令不得靠近高射炮的火力覆盖区。

按英军计划，携带 4000lb 炸弹的第一波机群将于 0 时 30 分至 0 时 40 分投弹。第二波机群将于 0 时 41 分至 0 时 50 分投放水雷。完成任务后，两波机群都将从目标空域北侧撤出，并在返航途中将剩下的小型炸弹投到德军高射炮阵地或其他目标上。令人沮丧的是，2 架来自第 35 中队的"哈利法克斯"中途因发动机故障返航，导致打击力量进一步削弱。临近轰炸开始，目标空域的能见度良好，但"提尔皮茨"号和驻地德军都已经收到警报，并提前开始释放烟幕。

载有"饼干"炸弹的轰炸机纷纷穿过烟幕，在 6000~8000ft 高度投放了炸弹。有几架"兰开斯特"没有和机群一起投弹，他们选择将"饼干"转送给洛尔峡湾里的"舍尔海军上将"号袖珍战列舰和"欧根亲王"号重巡洋舰，因为两者此时没有被烟幕遮蔽。值得注意的是，第一波机群中的某些机组成员认为，当晚的德军高射炮火力强于前一晚，而第二波机群的某些机组成员则提供了完全相左的证词。这似乎意味着德军的高射炮部队将主要精力放在了对付那些高空飞行的、投放炸弹的轰炸机身上，而不是那些低空飞行的、投放水雷的轰炸机。由此也证明了为什么第二波机群直到爬升脱离战位后才遭到高射炮的攒射。将"饼干"悉数投放后，第一波机群又在法滕峡湾与洛尔峡湾之间的目标上空投放了小型炸弹。其中一架为躲避高射炮火而偏航的轰炸机，将炸弹投到了目标以南几英里外的瓦尔内斯空军基地。

接下来轮到携带水雷的"哈利法克斯"登场了。这次他们大多选择在150~250ft高度投放水雷。令人意外的是,浓密的烟幕并没有完全遮蔽"提尔皮茨"号的身形,轰炸航路上的机组成员们仍然能清楚地看到她。此前,为防止暴露位置,"提尔皮茨"号上的高射炮一直处于待发状态。眼看着英军轰炸机呼啸而来,炮手们再也按捺不住了,舰上的高射炮瞬间火舌四起。多架"哈利法克斯"被高射炮击伤,但幸运地坚持飞离了峡湾。一名来自第35中队的"哈利法克斯"飞行员回忆道:"我们尽量压低飞行高度,擦着树梢接近目标,顶部机枪塔的操作员说我们惊起了鸟巢里的一只鸟,尾部机枪塔的操作员也随声附和说,鸟巢里还有四只蛋呢!"

与第一波机群一样,第二波机群也将剩下的500lb炸弹投了法滕峡湾北部的德军高射炮阵地上。接着,他们向西飞越了洛尔峡湾。有几架轰炸机的机组成员发现水雷卡在了弹舱里,必须在返航途中借助撬棍把水雷扔出去。第35中队有2架"哈利法克斯"被击落:其中一架蹒跚着飞过阿森峡谷(Åsen Valley),一路向西,最终坠落在莫瓦腾湖(Movatnet)边,这里距离前一天晚上同样来自第35中队的另一架"哈利法克斯"的坠落地——霍克林根湖,只有3mile远;另一架被击中后起火,一头栽进阿森峡湾。这两架轰炸机上的多数机组成员都幸存下来,但也都成了德军的俘虏。

是役,英军共投放18枚"饼干"炸弹和48枚水雷,但仍然没有一枚击中"提尔皮茨"号。多数水雷落在了峡湾北部的树林里,也有些落在了峡湾水域——"提尔皮茨"号的舰员们感受到了水雷爆炸时产生的冲击波。这次袭击的最大受害者依旧是生活在法滕峡湾里的鱼,而德军仰仗着烟幕和高射炮圆满完成了防御任务。

尽管高层仍然喋喋不休地要求开展更多空袭行动,但对皇家空军轰炸机部队而言,与"提尔皮茨"号的斗争必须要告一段落了。春去夏至,白昼渐长,夜袭已经不合时宜,起码要到秋天才能再次行动。同时,参与任务的机组成员们也早已疲惫不堪,需要好好休息一阵子。历经三次空袭行动,英军的损失只能用惨重来形容:第10中队损失了4架"哈利法克斯",第76中队损失了1架"哈利法克斯",第35中队损失了7架"哈利法克斯",第97中队损失了1架"兰开斯特";共计60人丧生,另有18人成了战俘,这占到参与任务的机组成员总数的12%。更可悲的是,英军的一切牺牲都毫无意义,因为"提尔皮茨"号安然无恙,她冰冷的炮口仍旧遥指着北极航线上那些脆弱的商船。

英国皇家空军轰炸机部队在1942年春季空袭"提尔皮茨"号战列舰行动中的损失

	任务			飞机损失总计	人员损失		
	3月30—31日	4月27—28日	4月28—29日		阵亡	被俘	获救/逃脱
第10中队	2	2	-	4架"哈利法克斯"轰炸机	16	8	-/4
第35中队	3	2	2	7架"哈利法克斯"轰炸机	30	10	-/4
第76中队	1	-	-	1架"哈利法克斯"轰炸机	7	-	7/-
第97中队		1	-	1架"兰开斯特"轰炸机	7		

注:除上述损失外,1架隶属第248中队的"波弗特"轰炸机于4月27—28日夜间损毁,2名机组成员阵亡。3—4月,3架执行侦察任务的"喷火"式战斗机被击落,2名飞行员阵亡。

1973年,潜水员在霍克林根湖找到了4月27—28日夜间在此迫降的隶属第35中队的"哈利法克斯"轰炸机(昵称S-Sugar,生产编号W1048)。英国政府随后将这架轰炸机运回本土修复,自2008年开始在英国皇家空军博物馆(RAF Museum)展陈。

间歇期：1942年5月—1944年4月

英国皇家空军轰炸机部队的接连失败导致了严重后果。刚刚过去的漫长冬日极夜，帮助北极护航船队一次次侥幸躲过德国空军搜索机和海军潜艇的追猎，可现在，好日子到头了。入夏后，太阳似乎永远不会下落。德国空军已经用一个冬天的时间加强了挪威的兵力，驻扎在挪威的第5航空队有能力在北冰洋上空开展日常性的远距离、大范围搜索，并出动鱼雷机和轰炸机遂行大规模空袭任务。对此，英国海军部希望暂时中断北极航线，待到秋季白昼渐短时再恢复通航。然而，在美国和苏联的外交压力下，丘吉尔最终决定无视危险，强行维持北极航线。而接下来发生的一切，将证明"提尔皮茨"号战列舰在海战中的可怖能量。

1942年5月中旬，英国海军部获得情报，德国海军将拦截下一批北极护航船队，行动代号"跳马"（Rösselsprung）。海军上将奥托·施尼温德将坐镇"提尔皮茨"号，率领德国水面舰艇部队参加拦截行动。6月27日，编号PQ-17的北极护航船队从冰岛出发，前往阿尔汉格尔斯克。这支船队由35艘商船和14艘护航船组成，一支由4艘重巡洋舰组成的掩护舰队将为他们提供贴身保护，而托维上将指挥的拥有2艘战列舰和"胜利"号航空母舰的支援舰队将在距船队稍远的海域待命。理论上，英军的护航力量有能力挫败施尼温德发起的任何形式的攻击。

▲ 1942年7月，停泊在纳尔维克附近博根峡湾内的"提尔皮茨"号战列舰。这幅照片由一架英军侦察机在高空拍摄。可见"提尔皮茨"号附近环绕有双重防鱼雷网，补给和支援船只与她紧紧相依。这里虽然超出了自英国本土起飞的轰炸机的作战范围，但仍然在皇家海军舰载机的打击范围内

7月1日，一艘德军潜艇发现了PQ-17船队。次日晚20时，"提尔皮茨"号在袖珍战列舰"舍尔海军上将"号、重巡洋舰"希佩尔海军上将"号和4艘驱逐舰的伴随下出航。袖珍战列舰"吕佐夫"号（Lützow）在与施尼温德舰队主力会合途中触礁，不得不返回纳尔维克修理。7月4日清晨，德军舰队锚泊于挪威最北端的阿尔滕峡湾，静待进攻命令。

与此同时，PQ-17船队在航行途中成功驱离了德军的鱼雷轰炸机。当天午

▶ 1942年7月，参加"跳马"行动的"提尔皮茨"号战列舰正在阿尔滕峡湾内待命。愁云落霞之下，高射炮的炮管高扬，随时准备迎击来袭的英军或苏军战机

◀ 1942—1943年冬，法滕峡湾内的"提尔皮茨"号战列舰。这幅照片由一架英军侦察机在低空拍摄。"提尔皮茨"号停在峡湾北部的泊位中，舰艏和舰艉旁是拖曳伪装网的平底船

后，英国海军部获悉，"提尔皮茨"号正在阿尔滕峡湾内虎视眈眈，距离船队仅数小时航程。无论是船队中的护航船，还是掩护舰队中的重巡洋舰，都无力使商船免遭"提尔皮茨"号的攻击，而托维指挥的主力舰又远在船队以西350mile处，可谓鞭长莫及。总之，船队只能自求多福了。

接下来，第一海务大臣（First Sea Lord，英国皇家海军最高职务，由现役海军军官担任，与美国海军作战部长对等。易与First Lord of Admiralty，即海军大臣混淆，后者属于文官，译者注）、海军元帅达德利·庞德爵士（Admiral of the Fleet，Sir Dudley Pound）做出了他戎马生涯中最具争议性的决定。当晚21时，庞德命令护航船队解散，掩护舰队向西撤离。此后几天里，四散的商船奋力奔赴相对安全的苏联港口，但它们当中的大多数永远没能靠岸。德国海军潜艇和空军轰炸机对这些商船展开了大屠杀——35艘从冰岛出发的商船中，只有11艘最终安全抵达苏联。

颇为讽刺的是，下令解散船队时，庞德设想的是借此引诱"提尔皮茨"号主动出击，可事实是后者直到7月5日11时20分都一直静候在阿尔滕峡湾，毫无出航之意。此后，"提尔皮茨"号的确短暂驶出了峡湾，但行动当晚即被希特勒叫停。这位神经紧绷的战争狂人得知英国人在附近海域部署了一艘航空母舰后，不假思索地命令施尼温德带着他的"宝贝战舰"回家。不过，希特勒的担忧其实纯属多余，因为英军的"胜利"号航空母舰当时距离事发地太远了，根本不可能威胁到"提尔皮茨"号。7月9日，"提尔皮茨"号返回纳尔维

▼ 这是一幅苏军高空侦察机于1943年5月拍摄的照片，随后送往英国海军部情报部门判读。可见"提尔皮茨"号战列舰锚泊在靠近卡亚峡湾西北角的水域，其支援船的泊位或靠北，或在东南方的克文维克海湾（Kvenvik）外

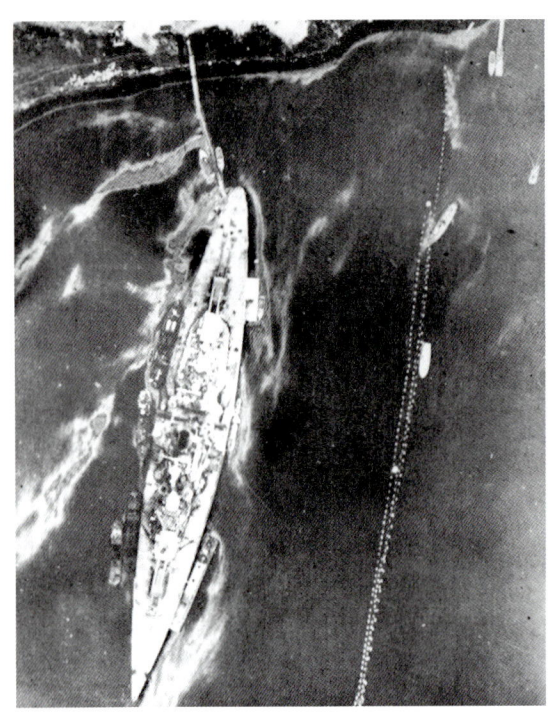

▲ 1943年9月下旬，锚泊在卡亚峡湾的"提尔皮茨"号战列舰，照片摄于英军袖珍潜艇袭击之后（即Operation Source，"水源"行动）。泄漏的燃油漂浮在海面上，清晰可见。防鱼雷网内的水域聚集着各式小型船只。"提尔皮茨"号的舰艉搭建了一条通向岸上的栈道，两旁停靠有数艘小船

克附近的博根峡湾。通过这场战役，我们能真切感受到恐惧之情时刻萦绕在作战双方的心头：希特勒对英国皇家海军航空兵的忌惮似乎超出了理性范畴，而英国人在"提尔皮茨"号面前也几乎丧失了帝国的威仪。

7月下旬，"提尔皮茨"号对英国皇家海军战术策略的巨大影响开始逐渐显现。当时，由于侦察机发现"提尔皮茨"号离开了法滕峡湾锚泊地，英军便推迟了PQ-18护航船队的启航时间。事实上，这艘让他们"魂牵梦绕"的战舰只是去博根峡湾开展了一次炮术训练。斯大林对英军的避战行为颇有微词，因为苏联红军此时正在与德国侵略者浴血奋战。10月24日，"提尔皮茨"号返回法滕峡湾。英军随即计划于10月30—31日在法滕峡湾发起一次袭击行动，代号"头衔"（Title）。他们准备从设得兰群岛出发，用挪威渔船拖曳着人操鱼雷（绰号chariots，马车）穿越北海。抵达特隆赫姆峡湾后，2名乘员将操作鱼雷对"提尔皮茨"号发起攻击。最终，突如其来的坏天气使英军功亏一篑：人操鱼雷当时已经驶入阿森峡湾，距目标不到5mile远。

在此期间，英军一直没有放弃空袭"提尔皮茨"号的想法。6月，他们原计划派出携带4000lb"饼干"炸弹和小型炸弹的"兰开斯特"轰炸机从洛西茅斯机场起飞空袭"提尔皮茨"号。但后者入夏后便转移到博根峡湾，那里超出了"兰开斯特"的作战范围，行动随即取消。11月，"提尔皮茨"号返回法滕峡湾后，英军的计划重新提上日程，他们这次准备派出81架"兰开斯特"发动昼间空袭。但迫于漫长的极夜将至，计划再次被束之高阁。此外，英军还曾计划借调美国陆军航空队的B-17轰炸机，从靠近苏联摩尔曼斯克的基地起飞发起空袭，不过最终也不了了之。新年的钟声即将敲响，"提尔皮茨"号平安度过了有惊无险的一年。

突然间，英国人似乎又得到了幸运女神的眷顾，在没有投下一枚炸弹的情况下，"提尔皮茨"号这个天大的威胁几乎就要消失了。1942年最后一天爆发的巴伦支海海战中，德国海军袖珍战列舰"吕佐夫"号和重巡洋舰"希佩尔海军上将"号在7艘驱逐舰的辅佐下，向编号JW-51B的北极护航船队发起进攻。英国皇家海军的轻巡洋舰和驱逐舰奋勇反击，最终击伤"希佩尔海军上将"号，逼退德军舰队。希特勒对这次失败震怒不已，扬言要拆掉德国海军的所有大型水面舰艇，拿她们的舰炮去充实要塞。显然，始终没能悟得"存在舰队"真谛的希特勒忽视了一个事实——德国以区区一艘战列舰就牵制了规模庞大的英国海军力量。这一事件最终导致雷德尔元帅辞职，原潜艇部队司令邓尼茨上将接任海军总司令。"提尔皮茨"号的命运看似也岌岌可危，好在到1943年2月，希特勒大发慈悲，打消了"清洗"水面舰艇部队的念头。随后，奥斯卡·库梅茨中将（Vice Admiral Oskar Kummetz）以"提尔皮茨"号为旗舰，组织了一支实力可观的舰队，包括"沙恩霍斯特"号战列巡洋舰和"吕佐夫"号袖珍战列舰。与此同时，托普上校获晋升后离任，汉斯·迈尔上校（Captain Hans Meyer）继任"提尔皮茨"号舰长。

1943年上半年，英国皇家空军轰炸机部队设想了一系列打击"提尔皮茨"号的新战术，包括"跳弹"（bouncing bomb）战术。当年5月，第617中队的"兰开斯特"轰炸机采用这一战术成功炸毁了德国的鲁尔水坝。但实验表明"跳

◀ 在"提尔皮茨"号战列舰舰长托普上校的生日庆典中,舰上乐队正演奏乐曲。这支乐队也会在岸上巡回演出以提振士气,而在作战时,乐队成员们要充当医务后勤兵

弹"战术并不适合攻击战列舰。春暖花开时,昼间轰炸计划再次成为更现实的选择。3月中旬,一架侦察机航拍的照片显示法滕峡湾空空如也,这引起了英国海军部的高度关注,他们担心"提尔皮茨"号正准备突入北大西洋。3月24日,"提尔皮茨"号最终现身阿尔滕峡湾末端的卡亚峡湾——她曾在去年夏天的"跳马"行动期间锚泊于此,这里将成为她未来16个月的新巢穴。

卡亚峡湾超出了任何从英国本土起飞的轰炸机的作战范围,只有美国陆军航空队崭新的B-17F轰炸机能飞到那里。尽管美军很乐意提供自己的轰炸机,但英军并不认为长途奔袭是明智的选择。战争进行到这一阶段,轰炸机部队的任务重点已经不是单个目标,而是不分昼夜地轰炸德国本土。此外,受困于外交问题,英军也不太可能使用苏联境内机场。总之,卡亚峡湾俨然成了"提尔皮茨"号的福地,除去时常光顾的侦察机外,几乎不会有盟军战机主动袭扰。9月,"提尔皮茨"号协同"沙恩霍斯特"号战列巡洋舰炮击了斯匹茨卑尔根群岛(Spitzbergen,位于挪威最北端,今斯瓦尔巴群岛,译者注),藉此向外界展示德国海军的实力。

9月22日早8时12分,卡亚峡湾水域突然响起巨大的爆炸声,"提尔皮茨"号开始猛烈摇曳。这是由2艘名为X艇(X-Craft)的英军袖珍潜艇发起的爆破式攻击,行动代号"水源"(Source)。行动中,6艘X艇在大型潜艇的拖曳下来到阿森峡湾入口。与母艇分离后,按计划,3艘X艇将攻击"提尔皮茨"号,2艘将攻击"沙恩霍斯特"号,1艘将攻击"吕佐夫"号。但最终只有6号和7号艇抵达目标位置,并成功在"提尔皮茨"号舰底安装了炸药。不幸的是,所有X艇都在任务过后被迫上浮,艇员们悉数遭俘。第一次爆炸破坏了"提尔皮茨"号前部炮塔的座圈,第二次爆炸破坏了舰底结构,造成大量进水。袭击过后,受损严重的"提尔皮茨"号暂时退出了现役。但她并没有返回德国本土,而是留在了阿尔滕峡湾的船坞里。德军特意从本土调来750名平民工匠,用一整个冬天的时间让"提尔皮茨"号重获新生。

德国海军遭受的第二次重大打击是1943年12月26日爆发的北角海战。在代号"东线"(Ostfront)的作战行动中,"沙恩霍斯特"号战列巡洋舰从阿尔滕峡湾出发,前去拦截编号JW-55A的北极护航船队。然而,护航船队附近的英军巡洋舰令德军无机可乘，"沙恩霍斯特"号只得打道回府。就在她驶入挪威水域前，遭到了英军本土舰队主力舰的围猎。本土舰队新任司令弗雷泽上将（Admiral Fraser）坐镇"约克公爵"号战列舰（Duke of York），以14in主炮打得"沙恩霍斯特"号毫无还手之力。最终，这艘德军引以为傲的主力舰葬身海底，全舰只有22人生还。

短短几个月内，曾经耀武扬威的德军舰队已经损失殆尽。当年冬天，英国和苏联的侦察机报告显示，载运有平民工匠的"蒙特罗萨"号蒸汽轮船（Monte Rosa）、"纽马克"号维修船（Neumark）以及1座20吨级浮动吊车都靠泊在"提尔皮茨"号身旁。此外，还有1艘防空船和5艘驱逐舰在稍远处执行警戒任务。同时，整个峡湾密布高射炮阵地和烟幕释放装置。到1944年1月底，英军侦察机报告显示，"提尔皮茨"号的炮塔已经能转动，但情报分析表明其蒸汽轮机仍然存在问题。总之，尽管维修工作在不断推进，但这艘战列舰距离重归战阵仍需时日。

2月10—11日夜，15架苏军佩-2（Pe-2）双发轰炸机各装载1枚2000lb炸弹，从摩尔曼斯克附近的法恩加机场（Vaenga Airfield）起飞，执行空袭"提尔皮茨"号任务。行动伊始，满月高悬，天空能见度很好，但机群抵达阿尔滕峡湾后，目标空域突然风雪交加。所幸，恶劣天气同样蒙蔽了德军的"预警网"，苏军机群几乎没受到烟幕和高射炮的影响。但碍于能见度实在太差，只有4架轰炸机锁定目标，并在4000ft高度投下炸弹。不出所料，这些炸弹无一命中。两天后，苏联同意让英军侦察机单位进驻法恩加机场。当月底，这里的英军侦察机开始频繁出动。不过，受持续恶劣天气和冬季漫长极夜的影响，他们到4月才可能获得有价值的情报。到那时，侦察机拍摄的照片将由"卡特里娜"水上飞机送回英国本土判读。

这些情报对英军而言十分重要，因为到3月中旬，"提尔皮茨"号已经部分恢复了作战能力：主炮基本修复，最高航速可达27kn——尽管此时蒸汽轮机会产生明显振颤。当然，要想彻底解决蒸汽轮机和炮塔的问题，她仍然要返回德国本土的干船坞维修。毫无疑问，即将满血回归的"提尔皮茨"号又成了英国海军部的心腹大患。只是这一次，英国人手上的牌要更好打一些，他们的本土舰队兵力得到了充实，不仅能为北极航线提供有效保护，还能对"提尔皮茨"号发起更猛烈的空袭。

1944年英国皇家海军航空兵的空袭行动

▼"钨"行动开始前，英国皇家海军航空兵的飞行员们正在听取任务简报，摆在他们面前的是一个精致的阿尔滕峡湾东南部和卡亚峡湾的缩比模型。"暴怒"号航空母舰（HMS Furious）的塞尔文·哈里森中校（Commander Selwyn Harrison）正向第830中队的"梭鱼"鱼雷轰炸机机组成员介绍目标区域的高射炮位

1944年1月，英国海军部命令本土舰队司令福布斯上将（Admiral Forbes）拟定针对"提尔皮茨"号战列舰的空袭计划。海军部强调，理想的空袭时间是3月7—16日，"提尔皮茨"号那时将完成维修工作，离开阿尔滕峡湾开展海试活动，进而脱离海岸高射炮阵地和烟幕释放装置的保护。事实上，福布斯想在了海军部前面。早在去年12月，他就命令自己的副手亨利·穆尔中将（Vice Admiral Sir Henry Moore）制定计划，空袭当时仍位于卡亚峡湾的"提尔皮茨"号。穆尔麾下的航空兵力足以发起一次有效的空袭，他计划动用不少于5艘航空母舰和100架战机。为等待维修中的"胜利"号航空母舰归队，行动时间最终延迟到1944年3月底。这次代号"钨"

▲ 1944年4月3日清晨，"钨"行动开始前，第800中队的"地狱猫"战斗机停放在护航航空母舰"皇帝"号的飞行甲板上。这艘航空母舰后方是舰队航空母舰"暴怒"号，护航航空母舰"击剑手"号和"追逐者"号，以及轻型巡洋舰

的行动，将成为英国皇家海军航空兵有史以来发动的规模最大的一次空袭行动。

"钨"行动

"胜利"号航空母舰尚在利物浦维修时，她的舰载机飞行员们就开始在苏格兰西海岸的洛西埃利博尔（Loch Eriboll）接受空袭训练。1944年3月28日，修复完毕的"胜利"号参加了在洛西埃利博尔举行的演习活动。两天后，"胜利"号与2艘战列舰一道离开斯卡帕湾，向北冰洋驶去。他们表面上是去为编号JW-58的北极船队护航，而真正目的是与一支特混舰队会合。这支早些时候已经秘密出海的特混舰队包含了"暴怒"号舰队航空母舰（HMS Furious），以及"皇帝"号（Emperor）、"击剑手"号（Fencer）、"追逐者"号（Pursuer）和"搜索者"号（Searcher）护航航空母舰。两支舰队会合后，携手前往北角西北部海域。

"钨"行动原定4月4日开始，由于预报显示挪威北部天气在此之前持续晴好，福布斯临时决定提前24小时开始。4月2日下午，两支舰队会合后，福布

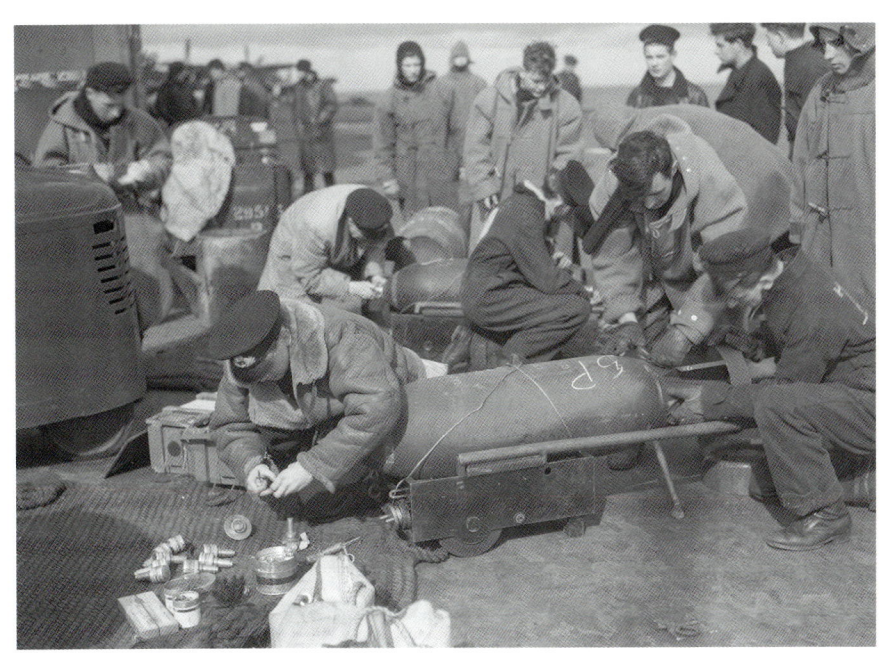

◀ 1944年4月3日清晨，"钨"行动开始前，"胜利"号航空母舰上的军械师正在飞行甲板上为600lb半穿甲炸弹安装引信。弹体上的粉笔字"5P"代表这是给第827中队编号5P的"梭鱼"鱼雷轰炸机准备的炸弹

斯将"胜利"号航空母舰的指挥权移交给第7分遣舰队（Force 7，即航空母舰编队），自己率领战列舰和护航舰向东北方航行。这样一来，他既能掩护航空母舰，也能保护运输船队。4月3日清晨，第7分遣舰队驶入攻击始发位置。此处距挪威海岸77n mile，位于"提尔皮茨"号西北方124n mile。英军侦察机报告称，"提尔皮茨"号依然锚泊在卡亚峡湾。令英军兴奋不已的是，她此时似乎毫无戒备，而且天气晴朗，能见度良好——这恐怕是再理想不过的开局了。

空袭行动主力是32架"梭鱼"鱼雷轰炸机，分别隶属第827中队、第830中队、第829中队和第821中队，前两者组成第8大队，后两者组成第52大队。为提高任务效率，缩短各波次起飞和编队时间，两个大队的"梭鱼"分散部署到"暴怒"号和"胜利"号航空母舰上。第一波攻击由第8大队发起，第二波攻击由第52大队发起。为这些轰炸机提供高空掩护的是来自"胜利"号的21架"海盗"战斗机（隶属第1834和第1836中队）。飞往目标空域途中，还有来自"搜索者"号和"追逐者"号的40架"野猫"战斗机（隶属第881、第882、第896和第898中队），以及来自"皇帝"号的20架"地狱猫"战斗机（隶属第800和第804中队）为机群护航，它们将确保"梭鱼"免遭德国空军战斗机袭扰。整个攻击编队有超过100架飞机，其中战斗机占半数以上。

同时，航空母舰编队上空，来自"暴怒"号的18架"海喷火"战斗机（隶属第800和第801中队）交错盘旋，为舰队提供防空保障。"击剑手"号上的12架"剑鱼"鱼雷轰炸机（隶属第842中队）在舰队周边空域执行反潜巡逻任务。这项复杂的行动计划出自穆尔中将之手，作为总指挥，此时他正与福布斯上将在"安森"号战列舰（Anson）上运筹帷幄。为保持无线电静默，第7分遣舰队由贝塞特少将（Rear Admiral Bisset）直接指挥，他以"保皇党人"号防空巡洋舰（Royalist）为旗舰。按计划，"地狱猫"和"野猫"将率先登场，扫射"提尔皮茨"号及其周围高射炮台，随后由鱼雷轰炸机分两个波次发起空袭。

"梭鱼"携带的弹药包括穿甲炸弹、3枚500lb半穿甲炸弹、3枚500lb中等装药量通用炸弹或2枚600lb反潜炸弹。它们将在10000ft高度开始俯冲，并在3500ft高度投放炸弹。英军的设想是用重型炸弹穿透"提尔皮茨"号的水平

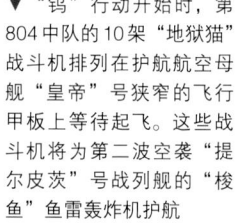

▼"钨"行动开始时，第804中队的10架"地狱猫"战斗机排列在护航航空母舰"皇帝"号狭窄的飞行甲板上等待起飞。这些战斗机将为第二波空袭"提尔皮茨"号战列舰的"梭鱼"鱼雷轰炸机护航

装甲，再用小型炸弹进一步破坏其上层建筑、雷达天线和外设武器。至于反潜炸弹，英军认为它即使没能命中目标，也能在爆炸时破坏"提尔皮茨"号的水下结构。4时15分，行动按计划开始，各型飞机陆续起飞。

舰队向北航行途中，机组成员们获得了充分研究阿尔滕峡湾地形的时间，进一步熟悉了"提尔皮茨"号周边的状况。最后一次任务简报在3时30分开始。4时16分，11架"海盗"从"胜利"号上腾空而起。与其他任务飞机不同，这些"海盗"自前一天晚上就停在飞行甲板上，因此当任务简报开始时，勤务人员还在忙于为它们的机翼除冰。8分钟后，第8大队的"梭鱼"分别从"胜利"号和"暴怒"号上起飞。与此同时，为它们护航的"野猫"和"地狱猫"也分别从3艘护航航空母舰上起飞，并在鱼雷轰炸机群上空集结。第二波空袭机群将于第一波空袭机群起飞后1小时起飞。4时37分，第一波空袭机群在舰队上空编组完毕，向东南偏东120°方向飞去，预计50分钟后抵达目标空域。

起初，第一波空袭机群保持在4000ft高度以下飞行，以规避德军的海岸雷达。在距海岸25mile时，"梭鱼"开始爬升到10000ft高度。同时，"海盗"在"梭鱼"头顶盘旋，其他战斗机则在"梭鱼"侧翼盘旋，与后者保持相同的飞行速度。5时15分，机群在洛帕岛（Loppa Island）附近越过海岸，这里距目标西北方40mile。随后，机群飞过冰雪覆盖的群山以及奥克斯峡湾（Øksfjord）和朗格峡湾（Langfjord）——这两处峡湾都是德军的驱逐舰锚泊地。有些机组成员看到下方的两艘船在向高空射击，但并没有理会。此时，机群距"提尔皮茨"号还有10mile，约合3分钟航时。第一波空袭机群指挥官贝克·福克纳少校（Lieutenant Commander Baker Folkner）命令第830中队放慢飞行速度，保

▲ 巴布鲁达伦海湾，"提尔皮茨"号战列舰在卡亚峡湾的第一个锚泊地，位于峡湾西北角。这幅由英军侦察机拍摄的照片显示，"提尔皮茨"号此时有多重防鱼雷网保护。其舰艉与陆地间有栈道连接，还能看到一个停泊小船的码头。"钨"行动期间，"提尔皮茨"号一直锚泊于此，行动过后才转移到东南方300yd处的锚泊地

◀ 1944年4月3日的"钨"行动中，"提尔皮茨"号战列舰遭到了英军的奇袭。这幅照片显示，第一波攻击过后，"提尔皮茨"号正在峡湾中机动躲避英军战机。此时，她周围的烟幕释放装置刚刚开始释放烟幕。几分钟后，第二波"梭鱼"鱼雷轰炸机发起了攻击

▲ 这幅照片摄于1944年4月3日的"钨"行动期间，此时英军对"提尔皮茨"号战列舰的第一波轰炸刚结束不久。"提尔皮茨"号身中多枚炸弹，舰艉上层建筑左侧冒出浓烟。她正缓慢向峡湾中部移动，两岸的烟幕释放装置开始释放白色烟幕

持在第827中队后方，他计划以单纵队俯冲轰炸"提尔皮茨"号。

第827中队的一名年轻新西兰机组成员回忆了飞越峡湾边缘时的场景："突然间，地平线涌现在我们眼前。越过去就是'提尔皮茨'号，她就停泊在预定位置。"英军机群的到来令"提尔皮茨"号的舰员们猝不及防。按计划，"提尔皮茨"号那天早上要拔锚起航，到外海和阿尔滕峡湾之间开展航速测试。甲板上的舰员们一时间陷入了手足无措的状态。听到迈尔舰长发出"各就各位，准备战斗"的命令后，高射炮操作员们才缓过神来，奔向自己的战位。这时再发出释放烟幕的命令已经太迟了，因为英军机群就在头顶上。当"梭鱼"们排成一列开始进入轰炸航路时，贝克·福克纳向战斗机发出了压制德军高射炮的命令。此刻，"海盗"留守高空，防备可能出现的德国空军战斗机（尽管后者自始至终都没出现），而"野猫"和"地狱猫"则俯冲下来，向目力所及的任何德军目标扫射。

5时28分，第882中队的"野猫"一马当先，径直从峡湾一侧的山巅冲下，向着峡湾里的德军目标猛烈开火。从勃朗宁机枪中呼啸而出的0.5in口径子弹，撕碎了在"提尔皮茨"号上层建筑附近寻找掩体的德军水兵的身体。几秒钟内，"提尔皮茨"号的甲板就成了"停尸房"。但空袭才刚刚拉开序幕。1分钟后，即5时29分，第一批"梭鱼"正式发起攻击，它们沿着一条2~3架飞机宽的航路俯冲下来。尽管领队是参加过塔兰托空袭的老兵，但大部分飞行员都是菜鸟。按规范，俯冲角度应该是45°，可大部分菜鸟飞行员都错过了俯冲时机，只能以近65°发起俯冲，超过了"梭鱼"的设计允许俯冲角度。这种情况下，飞行员要承受负过载的折磨。

1600lb穿甲炸弹的标准投放高度是3500ft，但一些飞行员情绪过于激动，无意间延长了俯冲时间，直到2500ft高度才投下炸弹。投弹后，"梭鱼"们纷纷爬升脱离战位，躲避高射炮火。大大小小的炸弹狠狠砸向"提尔皮茨"号，瞬间腾起一团团火球，这艘战舰很快就淹没在烈焰与浓烟中。在随后发起攻击的"梭鱼"机组成员眼中，"提尔皮茨"号已经变成一座燃烧的"火山"，他们望着自己投下的炸弹先是消失在"火山口"中，接着激起新的一团火球。在带领自己的机群通过一个山口从西北方撤出峡湾时，贝克·福克纳看了看手表，这次攻击其实只持续了1分钟而已。

有些机组成员注意到，德军布置在海岸上的烟幕释放装置开始释放白色烟幕。可至少在下一波机群抵达前，这已经无济于事。当最后一门高射炮安静下来后，"提尔皮茨"号的舰员们开始清点损失。这是一次近乎完美的奇袭，"提尔皮茨"号上只有零星几门高射炮赶在英军机群飞走前开了火。那些搬运弹药的可怜的高射炮组成员，不是半途被击中，就是根本无法接近高射

炮位。此外，在前艏楼和后甲板拔锚的舰员们也伤亡惨重。好在活下来的人都没有丧失理智和纪律，他们将阵亡者的遗体安放在甲板一侧，清理出通道，然后各自就位，启动蒸汽轮机，赶在英军机群再次降临前驶离了泊位。

5时25分，第二波机群中的第一批"梭鱼"分别从"胜利"号和"暴怒"号上起飞，此时第一波机群刚刚飞抵目标空域。一架第829中队的"梭鱼"因发动机故障未能起飞，另有一架起飞后坠海，导致3名机组成员丧生。这样一来，第二波机群就只剩下19架"梭鱼"。与第一波机群一样，"梭鱼"们编组后，"胜利"号上的"海盗"在它们上空盘旋，其他战斗机则在它们侧面迂回。在洛帕岛附近飞越挪威海岸时，机组成员们看到前方约40mile外（约合12分钟航时）冒出滚滚浓烟，那正是燃烧中的"提尔皮茨"号。随后，机群指挥兰斯少校（Lieutenant Commander Rance）命令各中队集结为攻击队形。他知道，德军的高射炮已经严阵以待，因此不能让机群过于分散。

▲ 1944年4月3日，参加"钨"行动的"梭鱼"鱼雷轰炸机正返回航空母舰。这幅照片在"暴怒"号航空母舰的飞行甲板上拍摄，可见远处的"胜利"号航空母舰。此时，两艘航空母舰都在准备回收舰载机。航空母舰的飞行甲板上一次只能降落一架舰载机，受伤的舰载机有优先降落权

"钨"行动

第7分遣舰队（由贝塞特少将指挥，旗舰为"保皇党人"号防空巡洋舰）
2艘舰队航空母舰："暴怒"号、"胜利"号。
4艘护航航空母舰："搜索者"号、"追逐者"号、"皇帝"号、"击剑手"号。
2艘轻型巡洋舰："保皇党人"号、"贝尔法斯特"号（Belfast）。
6艘驱逐舰："马恩河"号（Marne）、"无敌"号（Matchless）、"流星"号（Meteor）、"米尔恩湾"号（Milne）、"雌熊"号（Ursa）、"大胆"号（Undaunted）。

第一波机群
第8大队：12架"梭鱼"鱼雷轰炸机，隶属第827中队，驻"胜利"号航空母舰（2架各挂载1枚1600lb穿甲炸弹，8架各挂载3枚500lb中等装药量炸弹，2架各挂载2枚600lb反潜炸弹）；
9架"梭鱼"鱼雷轰炸机，隶属第830中队，驻"暴怒"号航空母舰（5架各挂载1枚1600lb穿甲炸弹，4架各挂载3枚500lb中等装药量炸弹）；
11架"海盗"战斗机，隶属第1834中队，驻"胜利"号航空母舰；
10架"地狱猫"战斗机，隶属第800中队，驻"皇帝"号航空母舰；
10架"野猫"战斗机，隶属第881中队，驻"追逐者"号航空母舰；
10架"野猫"战斗机，隶属第882中队，驻"搜索者"号航空母舰。

第二波机群
第52大队：11架"梭鱼"鱼雷轰炸机*，隶属第829中队，驻"胜利"号航空母舰（4架各挂载1枚1600lb穿甲炸弹，4架各挂载3枚500lb半穿甲炸弹，3架各挂载3枚500lb中等装药量炸弹）；
8架"梭鱼"鱼雷轰炸机**，隶属第821中队，驻"暴怒"号航空母舰（8架各挂载3枚500lb中等装药量炸弹）；
10架"海盗"战斗机，隶属第1836中队，驻"胜利"号航空母舰；
10架"地狱猫"战斗机，隶属第804中队，驻"皇帝"号航空母舰；
10架"野猫"战斗机，隶属第896中队，驻"追逐者"号航空母舰；
9架"野猫"战斗机，隶属第896中队，驻"搜索者"号航空母舰。

*：第829中队额定编制12架"梭鱼"鱼雷轰炸机，其中1架因发动机故障未能起飞。
**：第821中队额定编制9架"梭鱼"鱼雷轰炸机，其中1架起飞后坠海。

制空队：
9架"海喷火"战斗机，隶属第801中队，驻"暴怒"号航空母舰。
9架"海喷火"战斗机，隶属第802中队，驻"暴怒"号航空母舰。
8架"野猫"战斗机，隶属第842中队，驻"击剑手"号航空母舰。

反潜巡逻队：
12架"剑鱼"鱼雷轰炸机，隶属第842中队，驻"击剑手"号航空母舰。

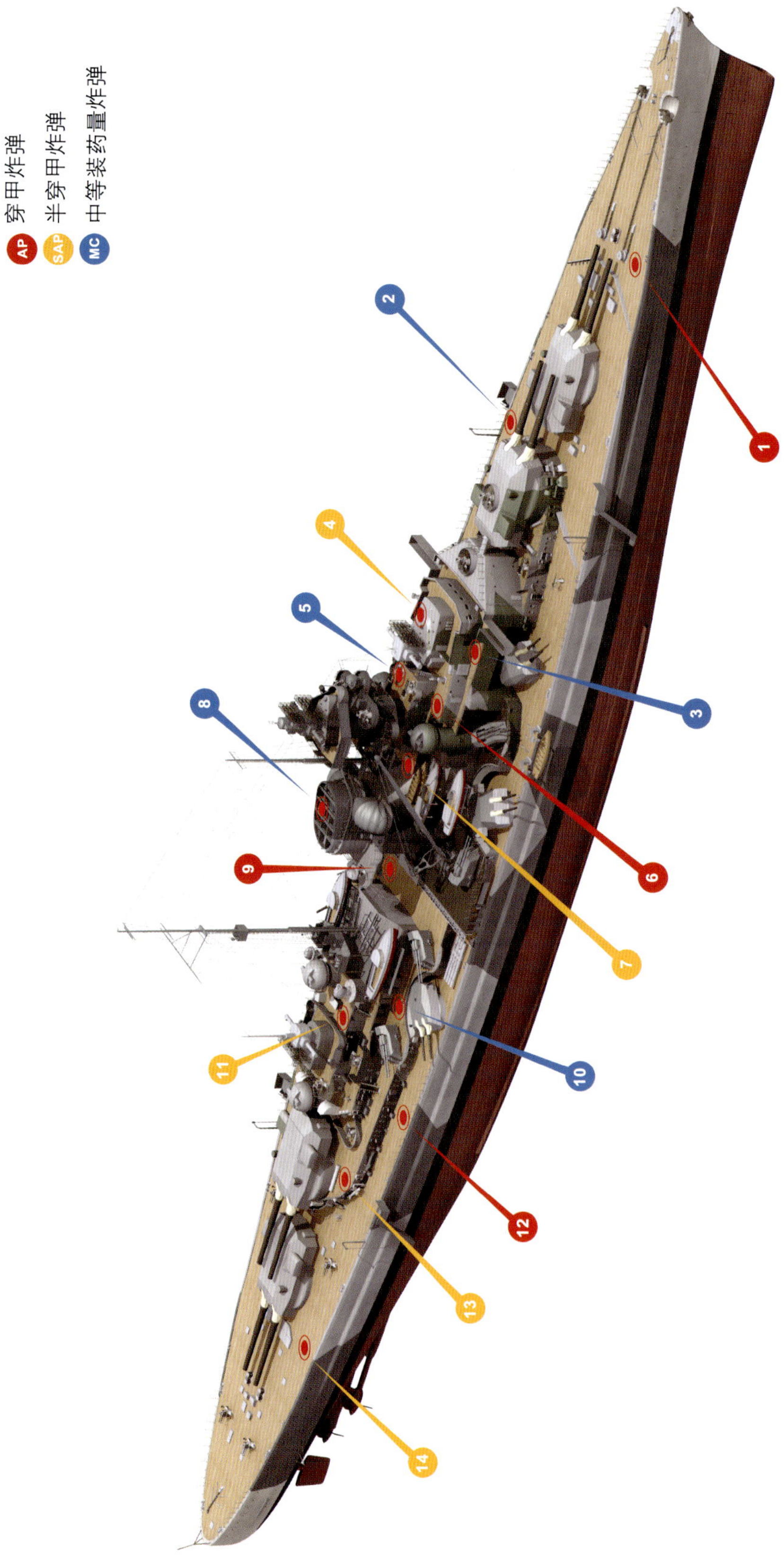

60　二战巅峰对决：猎杀"提尔皮茨"号战列舰

AP　穿甲炸弹
SAP　半穿甲炸弹
MC　中等装药量炸弹

对页图："钨"行动对"提尔皮茨"号战列舰造成的破坏

这幅图根据"钨"行动后一天,英国皇家海军航空兵对"提尔皮茨"号战列舰受损情况的评估报告绘制。这份报告相比空袭刚结束时的预估更准确。"提尔皮茨"号舰体上有4处明显火灾痕迹:"布鲁诺"炮塔后的区域、"凯撒"炮塔附近的区域、PⅡ号(即左舷2号)副炮塔附近区域、SⅢ号(即右舷3号)副炮塔附近区域。

第一波机群:
1枚1600lb穿甲炸弹击中"安东"炮塔前部、右舷方向的前艏楼(1)
1枚1600lb穿甲炸弹击中舰载机弹射器甲板所处的左舷区域(9)
1枚600lb反潜炸弹(或中等装药量炸弹)击中烟囱(8)(最初击中烟囱左侧区域)
1枚500lb半穿甲炸弹击中舰桥(4)(最初击中舰载机弹射器甲板右侧区域)
1~2枚500lb中等装药量炸弹击中"布鲁诺"炮塔左侧(2)
1枚500lb半穿甲炸弹击中舰体上层建筑左侧(11)(战果不确定,最初可能击中舰载机弹射器甲板)
1枚500lb半穿甲炸弹击中小艇甲板右侧(7)(战果不确定,最初可能击中舰载机弹射器甲板)
1枚1600lb穿甲炸弹击中前桅杆右侧(6)(战果不确定,最初可能击中舰载机弹射器甲板)

第二波机群:
1枚1600lb穿甲炸弹击中舰体上层建筑右侧(12)(最初击中机库)
1~2枚500lb中等装药量炸弹击中舰体右侧及SⅢ号副炮塔内侧(10)
1枚500lb半穿甲炸弹击中后甲板右侧(14)(战果不确定)
1枚500lb半穿甲炸弹击中"凯撒"炮塔右侧(13)(战果不确定)
1枚500lb中等装药量炸弹击中SⅠ号(即右舷1号)副炮塔(3)(战果不确定)
1枚500lb中等装药量炸弹击中前桅杆前部区域(5)(战果不确定)

综上,"提尔皮茨"号可谓伤痕累累:4枚1600lb穿甲炸弹击中,弹着点位于图示(1)、(6)、(9)和(12)位置;5枚500lb半穿甲炸弹击中,弹着点位于图示(4)、(7)、(11)、(13)和(14)位置;5枚500lb中等装药量炸弹击中,弹着点位于图示(2)、(3)、(5)、(8)和(10)位置。除上述直接击中的炸弹外,大量近失弹是导致"提尔皮茨"号漏水的主要原因。

第二波机群自北方飞抵卡亚峡湾后,"地狱猫"和"野猫"率先行动,前者扫射峡湾西北部的高射炮阵地,后者则向"提尔皮茨"号发起挑战。兰斯少校注意到,德军重型高射炮的炮弹大多在3000ft高度爆炸,而"梭鱼"们此时已经勇敢地穿越弹幕,投下了炸弹。"提尔皮茨"号在峡湾中缓慢机动,试图躲避英军的"弹雨"。第二波机群飞临峡湾时,她恰好横在英军飞行员们眼前。这种情况下,尽管右舷的高射炮具有良好射界,但据英军飞行员描述,来自"提尔皮茨"号的高射炮火十分微弱,对他们威胁更大的是岸边的高射炮阵地。一架隶属第829中队的"梭鱼"投弹完毕后,在飞越目标时被高射炮击中,瞬间化作一团火球,坠向峡湾南部的山谷。随后,整个峡湾又陷入一片死寂,这波空袭的时间仍然没超过1分钟。

空袭过后,伤痕累累的"提尔皮茨"号只能蹒跚前行,甲板上被炸弹击穿的破洞里窜出烈焰与浓烟,弥漫着刺鼻的焦糊味。受漏水影响,"提尔皮茨"号开始微微向右舷倾斜。扑灭明火后,损管队员们奋力堵漏,很快控制住舰体姿态。接下来,军官们开始清点损失。这次空袭中,全舰共有122人丧生,316人受伤。伤者中包括迈尔舰长,他在眼睁睁看着英军第一波机群掠过自己的战舰时被弹片击中。指挥权随后移交给沃尔夫·荣格上校(Captain Wolfe Junge),正是在他的全力调度下,"提尔皮茨"号才及时启动了蒸汽轮机,得以在峡湾内机动躲避英军的炸弹。全舰看上去一片狼藉,所幸损管分队传来了好消息:大

▲ 1944年，在英国皇家海军航空兵对"提尔皮茨"号战列舰发起的一次空袭行动中，一队"梭鱼"鱼雷轰炸机飞越阿尔滕峡湾前往卡亚峡湾。"梭鱼"机群的飞行高度是5000ft，它们上空是"海盗"战斗机机群。在确定"提尔皮茨"号的泊位后，"梭鱼"机群将俯冲至3500ft高度，随即向目标投弹

部分损伤都只限于舰体表面，没有一枚炸弹穿透水平装甲带。更重要的是，主炮安然无恙。换言之，面露颓色的"提尔皮茨"号仍然具备可观的战斗力。

最终，"提尔皮茨"号的轮机长报告称，舰体被12枚炸弹直接击中，另有4枚近失弹也造成一定损坏。其中一枚1600lb穿甲炸弹爆炸后在舰体水线以下部位撕开一个口子，导致严重漏水。3枚直接落到甲板区域的1600lb穿甲炸弹，因投弹高度过低而没能穿透水平装甲带，只穿透了缺乏装甲保护的最上层甲板，炸毁了洗衣房和厨房，丝毫没有破坏主体结构。其他较小的炸弹对舰体上层建筑和高射炮位造成了极大破坏，但同样不足以使"提尔皮茨"号丧失战斗力。实际上，空袭的最大意义在于摧毁信心和士气："提尔皮茨"号的舰员们在目睹了亲密战友的死难与伤痛后，士气变得异常低落。

此时的英军航空母舰上，任务机组成员们正沉浸在胜利的喜悦中，他们认为"提尔皮茨"号已经完全丧失了战斗力。所有"梭鱼"机组都报告称自己的炸弹击中了"提尔皮茨"号。他们看到了爆炸、浓烟和烈火，那艘海上公敌似乎"必死无疑"。贝塞特少将在给福布斯上将和穆尔中将拍发的电报中写道："显然，'提尔皮茨'号遭空袭后身受重伤。"随后，根据对空袭航拍照片的判读，贝塞特得出结论，共17枚炸弹击中"提尔皮茨"号，包括3枚击中舰体前部的1600lb穿甲炸弹。当晚，他在给两名上司的电报中强调："我认为'提尔皮茨'号已经丧失了一艘战列舰应有的价值。"

在"安森"号战列舰上，穆尔中将原计划次日继续对"提尔皮茨"号发起空袭。看到贝塞特的电报后，他认为已经没有必要再拿自己的飞行员冒险，因此取消了计划。4月6日下午，航空母舰编队返回斯卡帕湾，受到驻地战友的热烈欢迎，英国国王和首相也相继发来贺电。然而，事实证明英国人高兴得太早了。随后几天的航拍照片显示，"提尔皮茨"号仍然安稳地漂浮在水面上，空袭似乎并没有对她造成什么难以治愈的伤害。4月13日，英国第一海务大臣安德鲁·坎宁安爵士（Sir Andrew Cunningham）召来福布斯上将和穆尔中将，命令他们再次对"提尔皮茨"号发起袭击。最初，本土舰队司令弗雷泽上将对此十分不满，他认为没有必要这样"白费力气"。但弗雷泽最后妥协了，只得命令穆尔中将制定新的空袭计划。

从"行星"行动到"吉祥物"行动

在弗雷泽上将看来，如果连一次成功的奇袭都没能给"提尔皮茨"号造成致命伤害，那么再发动新一轮空袭，让他的飞行员们去直面一个被"惊醒"了的强大对手，几乎是毫无胜算的。更何况，新情报表明德军正在加强卡亚峡湾的对空防御设施，而挪威沿岸的雷达站升级工作也将于6月底完工。即便如此，弗雷泽最终还是批准了穆尔中将制定的"行星"（Planet）计划。这次行动的打

击兵力与"钨"行动如出一辙，只是"打击者"号（Striker）护航航空母舰替代了"击剑手"号。

4月21日，英军航空母舰编队离开斯卡帕湾，穆尔中将坐镇旗舰"安森"号战列舰。24日，航空母舰编队抵达预定海域，准备在午夜前发起空袭。当天下午晚些时候，穆尔中将接到的情报显示，阿尔滕峡湾空域的气象条件正迅速恶化，按计划开展行动似乎已经毫无意义。最终，英军无奈终止了"行星"行动，编队向南返航。在纳尔维克的博多岛附近，他们成功空袭了一艘德军近海巡逻舰，这是此行唯一的"收获"。5月15日，英军本土舰队再次尝试空袭"提尔皮茨"号，行动代号"体力"（Brawn）。这次行动没有护航航空母舰参加，只有"暴怒"号和"胜利"号舰队航空母舰派出了舰载机。空袭主力是28架"梭鱼"鱼雷轰炸机，另有28架"海盗"战斗机、4架"海喷火"战斗机和4架"野猫"战斗机执行护航任务。空袭机群于当天晚间抵达阿尔滕峡湾。由于整个空域都被低云笼罩，它们没有冒险飞入卡亚峡湾，最终无功而返。

5月25日，穆尔又率领航空母舰编队离开了斯卡帕湾。三天后，编队再次抵达熟悉的阿尔滕峡湾东部海域。这次行动的代号是"虎爪"（Tiger claw），水面舰艇和舰载机规模与"体力"行动相当，仍然只有"暴怒"号和"胜利"号派出了舰载机。糟糕的天气又成了拦路虎，机群甚至还没来得及起飞，行动就被迫取消了。编队返航途中，阿列桑德岛附近的德军海岸巡逻船成了英军飞行员们发泄沮丧情绪的替罪羊。

"吉祥物"行动

本土舰队（由穆尔上将指挥，旗舰为"约克公爵"号战列舰）
3艘舰队航空母舰："可畏"号（Formidable）、"暴怒"号、"不倦"号（Indefatigable）。
1艘战列舰："约克公爵"号。
2艘重型巡洋舰："德文郡"号（Devonshire）、"肯特"号（Kent）。
2艘轻型巡洋舰："贝罗娜"号（Bellona）、"牙买加"号（Jamaica）。
16艘驱逐舰："伯吉斯"号（Burges）、"斗牛犬"号（Bulldog）、"霍斯特"号（Hoste）、"殷曼"号（Inman）、"马恩河"号、"无敌"号、"米尔恩湾"号、"火枪手"号（Musketeer）、"努比亚"号（Nubian）、"惩罚"号（Scourge）、"维鲁拉姆"号（Verulam）、"警惕"号（Vigilant）、"泼妇"号（Virago）、"沃拉吉"号（Volage），另有来自加拿大皇家海军的"阿尔冈昆人"号（Algonquin）和"苏族人"号（Sioux）。

空袭机群
第8大队：12架"梭鱼"鱼雷轰炸机，隶属第827中队，驻"可畏"号航空母舰（6架各挂载1枚1000lb穿甲炸弹，6架各挂载3枚500lb半穿甲炸弹）；
10架"梭鱼"鱼雷轰炸机，隶属第830中队，驻"暴怒"号航空母舰（6架各挂载1枚1600lb穿甲炸弹，4架各挂载3枚500lb半穿甲炸弹）。
第9大队：12架"梭鱼"鱼雷轰炸机，隶属第820中队，驻"不倦"号航空母舰（6架各挂载1枚1000lb穿甲炸弹，6架各挂载3枚500lb半穿甲炸弹）；
10架"梭鱼"鱼雷轰炸机，隶属第826中队，驻"不倦"号航空母舰（5架各挂载1枚1600lb穿甲炸弹，5架各挂载3枚500lb半穿甲炸弹）；
18架"海盗"战斗机，隶属第1841中队，驻"可畏"号航空母舰。
12架"萤火虫"战斗机，隶属第1770中队，驻"不倦"号航空母舰。
18架"地狱猫"战斗机，隶属第1840中队，驻"暴怒"号航空母舰。

制空队：
12架"海喷火"战斗机，隶属第880中队，驻"暴怒"号航空母舰。
16架"海喷火"战斗机，隶属第894中队，驻"不倦"号航空母舰。
8架"野猫"战斗机，隶属第842中队，驻"击剑手"号航空母舰。

反潜巡逻队：
3架"剑鱼"鱼雷轰炸机，隶属第842中队，驻"暴怒"号航空母舰。
2架"梭鱼"鱼雷轰炸机，隶属第830中队，驻"暴怒"号航空母舰。
2架"梭鱼"鱼雷轰炸机，隶属第826中队，驻"不倦"号航空母舰。

接连的失败并没有消磨英军本土舰队的斗志，他们计划于7月中旬发起新的行动，代号"吉祥物"（Mascot）。气象专家们预测，那时目标空域的天气和能见度都有利于开展空袭。在北半球的高纬度地区，夏季的太阳不会完全落到地平线以下，因此英军计划在午夜太阳落到最低点时发动空袭。弗雷泽上将在行动开始前卸任本土舰队司令一职，已经晋升上将的穆尔继任，后者无疑是一名坚定的"海军航空兵万能论"拥护者。与历次本土舰队主导的空袭"提尔皮茨"号行动一样，"吉祥物"行动仍然由穆尔策划。这次行动将动用规模可观的海军航空兵力，囊括了"可畏"号、"暴怒"号和"不倦"号舰队航空母舰。"胜利"号航空母舰由于正在遥远的印度洋执行任务，缺席了此次行动。

"吉祥物"行动的主力是分别来自"可畏"号和"不倦"号航空母舰的48架"梭鱼"鱼雷轰炸机，护航任务由18架"海盗"、18架"地狱猫"和12架"萤火虫"战斗机承担。穆尔上将坐镇旗舰"约克公爵"号统揽全局，航空母舰编队由罗德里克·麦格里戈少将（Rear Admiral Rhoderick McGrigor）直接指挥，他的旗舰是"不倦"号。行动前，任务机组成员在洛西埃利博尔开展了针对性训练。按计划，空袭将于7月16—17日午夜进行。7月16日下午晚些时候，特混舰队抵达预定海域，相较前几次行动的位置略偏北。午夜时分，"海盗"战斗机从"可畏"号上陆续起飞，接下来是2个大队的"梭鱼"鱼雷轰炸机。凌晨1时35分，空袭机群集结完毕后向目标空域飞去。为规避海岸雷达，他们的飞行高度保持在500ft。德军依然没有出动战斗机拦截，但低垂的云雾完全遮蔽了"提尔皮茨"号的身形。

凌晨2时，德军的海岸雷达发现了低空飞行的英军机群，这使"提尔皮茨"号获得了充足的防御准备时间。与此同时，德军新设立的电子干扰站开始干扰英军的通信频道。2时10分，"提尔皮茨"号和卡亚峡湾附近山顶上的烟幕释放装置开始释放烟幕。此外，"钨"行动后，德军在峡湾西北部的山上设置了能直接与"提尔皮茨"号通信的观测哨位，它不仅负责观测敌机的航向、数量和飞行高度，还负责为地面高射炮指引目标。

得益于刚刚（由德国本土）运抵挪威的新型空爆弹，"提尔皮茨"号的主炮和副炮能打出更有效的弹幕。"吉祥物"行动中，"提尔皮茨"号的主炮共发射39枚380mm口径空爆弹，副炮共发射359枚150mm口径空爆弹。这些大口径空爆弹极大增强了弹幕的效果，尽管它们的吓阻作用远大于杀伤作用。此外，"提尔皮茨"号的37mm口径和20mm口径高射炮射出的一串串曳光弹，使峡湾空域有如白昼一般。2时34分，飞抵目标空域的英军机群一头"栽"进了德军精心布置的"烟火漩涡"中。"地狱猫"和"萤火虫"战斗机奋勇当先，向着峡湾俯冲下去，扫射"提尔皮茨"号和岸上的高射炮位。然而，此时此刻，即使是最优秀的飞行员，所能做的也仅仅是向着稠密的烟幕漫无目的地倾泻弹药。正在峡湾南部出口警戒的德军Z-33驱逐舰，以及一艘拖网渔船改装成的巡逻船遭到了英军战机的无情"蹂躏"，后者因及时搁浅而免于沉没。

2时49分，"梭鱼"鱼雷轰炸机开始发难。尽管飞行员们仍然看不到目标的踪迹，但他们还是以四机或六机编队形式硬冲了下去。事后，只有2名飞行员声称透过烟幕看到了"提尔皮茨"号。有些机组因为没能确认目标而放弃投弹，而有些机组朝着高射炮弹射来的方向投下了炸弹。对"提尔皮茨"号而言，英军机组的一切努力，最终只不过是1枚"不痛不痒"的近失弹而已。此外，1架"梭鱼"轰炸了高射炮阵地，另1架"梭鱼"则对倒霉的Z-33驱逐舰开展了"未遂"的炸弹攻击。

行动持续20分钟后，一切归于平静。英军战机纷纷爬升离开峡湾，向着航空母舰编队的方向返航。多架轰炸机遭重创，但侥幸飞回了母舰。1架"海盗"战斗机被击中后在峡湾坠毁，飞行员虽幸免于难，但遭德军俘虏。1架身负重

◀ "古德伍德"系列行动中,在"可畏"号航空母舰的飞行甲板上,来自第1841中队的"海盗"战斗机正准备起飞,它们都携带了应对超远航程的副油箱。"可畏"号后方是"贝里克郡"号重巡洋舰(Berwick),她作为护航舰为航空母舰提供了额外的防空火力

伤的"梭鱼"挣扎着飞回了集结空域,但没能成功降落,所幸机组成员都被一艘驱逐舰救起。1架成功返航的"地狱猫"战斗机因受损严重无法修复,最终接受了海葬。显而易见,这次由英国本土舰队航空兵发动的空袭行动以无奈与失望告终。穆尔原计划在次日早8时再次发动空袭——事实上,所有参战飞机整晚都在飞行甲板上待命。然而,第二天清晨,航空母舰编队附近空域和目标空域都升起了浓雾,空袭行动只得作罢。

顽强的"提尔皮茨"号在"吉祥物"行动中毫发无损,困扰德军的仍旧是"水源"行动和"钨"行动给她留下的旧伤。数百名平民技工夜以继日地赶工,他们切割下损坏的上层建筑,修复了主炮,填补了甲板上的破洞——手头没有合适材料时,连木头和水泥也要用上。荣格舰长报告称"提尔皮茨"号经修复已经完全恢复了战斗力,但事实上这艘"永不沉没"的"巨兽"当时只能勉强达到20kn航速,这意味着英国本土舰队的任何一艘主力舰都能轻易追上她。7月底,"提尔皮茨"号离开锚泊地,在众多护航驱逐舰的拥簇下,前往阿尔滕峡湾入海口开展了一系列演习。英国海军部获取相关情报后,担心"提尔皮茨"号再次出击,威胁北极航线。为此,本土舰队谋划了一次规模更大、持续时间更久的空袭行动。在这次行动中,英军舰载机将对"提尔皮茨"号发起史无前例的轮番轰炸。

"古德伍德"系列行动

1944年5月,随着漫长夏日的到来,盟军暂时中断了北极航线,英国、加拿大和美国的战争物资因此堆积如山。8月中旬,白昼渐短,北极航线的重启工作迫在眉睫。尽管战斗力已经大为削弱,但"提尔皮茨"号战列舰依然是北极航线的致命威胁。如果她与德国空军协同作战,后果将不堪设想。英国第一海务大臣坎宁安命令本土舰队不惜一切代价击沉这艘"海上公敌",或者至少让她丧失机动能力。为此,穆尔上将和幕僚团队策划了一次大战期间由英军航空母舰部队发起的、规模最大的作战行动。

这次行动有双重目的,本土舰队不仅要对付"提尔皮茨"号,还要为北极航线上的船队护航。编号JW-59的船队有34艘商船,它们计划于8月15日离开艾维湾(Loch Ewe),前往摩尔曼斯克。这支船队的护航力量出奇强大,有"打击者"号和"保护者"号(Vindex)护航航空母舰,以及苏联红海军的"阿尔汉格尔斯克"号战列舰(Archangelsk,原英国皇家海军"君权"号战列舰)。在必要情况下,本土舰队的舰队航空母舰也能充实护航力量。8月18日,本土舰队第1分遣舰队离开斯卡帕湾。这支舰队由穆尔的旗舰"约克公爵"号战列舰,"可畏"号、"暴怒"号和"不倦"号舰队航空母舰,以及多艘护航舰艇组成。与其相伴的第2分遣舰队规模要小得多,包括"印度长官"号和"号手"号(Trumpeter)护航航空母舰。两支舰队的总兵力超过了"钨"行动中的第7分遣舰队,这使穆尔有充足的信心发起一次规模空前的空袭行动。

与此同时,由2艘运油船和数艘护航船组成的第9分遣舰队也启航向北驶去,准备为主力舰队提供补给支持。这样一来,英军舰队就能在作战海域逗留至多9天时间,尽可能避免恶劣天气的影响。在窗口期内,他们完全能对"提

"古德伍德"系列行动

本土舰队
总指挥官:穆尔上将,旗舰为"约克公爵"号战列舰
副指挥官:麦格里戈少将,旗舰为"不倦"号航空母舰
第1分遣舰队:
1艘战列舰:"约克公爵"号。
3艘舰队航空母舰:"可畏"号、"暴怒"号、"不倦"号。
2艘重型巡洋舰:"贝里克郡"号、"德文郡"号。
14艘驱逐舰:"威尔士人"号(Cambrian)、"明格斯"号(Myngs,驱逐舰队旗舰)、"蝎子"号(Scorpion)、"惩罚"号、"塞拉皮斯"号(Serapis)、"维鲁拉姆"号、"警惕"号、"泼妇"号、"沃拉吉"号、"旋风"号(Whirlwind)、"牧马人"号(Wrangler),以及挪威皇家海军的"施陶德"号(Stord)、加拿大皇家海军的"阿尔冈昆人"号和"苏族人"号。
第2分遣舰队:
2艘护航航空母舰:"印度长官"号、"号手"号。
1艘重型巡洋舰:"肯特"号。
6艘护卫舰:"埃尔默"号(Aylmer)、"比克顿"号(Bickerton)、"布莱"号(Bligh)、"格伦达尔"号(Grindall)、"济慈"号(Keats)、"肯普索恩"号。
第9分遣舰队:
1艘驱逐舰:"努比亚"号。
3艘轻型护卫舰:"罂粟花"号(Poppy)、"山营兰"号(Dianella)、"紫菀花"号(Starwort)。
2艘舰队油船:"黑色突击者"号(Black Ranger)、"蓝色突击者"号(Blue Ranger)。
舰载机:
12架"梭鱼"鱼雷轰炸机,隶属第827中队,驻"暴怒"号航空母舰。
12架"梭鱼"鱼雷轰炸机,隶属第820中队,驻"不倦"

号航空母舰。
12架"梭鱼"鱼雷轰炸机,隶属第826中队,驻"可畏"号航空母舰。
12架"梭鱼"鱼雷轰炸机,隶属第828中队,驻"可畏"号航空母舰。
18架"海盗"战斗机,隶属第1841中队,驻"可畏"号航空母舰。
12架"海盗"战斗机,隶属第1842中队,驻"可畏"号航空母舰。
12架"地狱猫"战斗机,隶属第1840中队,驻"不倦"号航空母舰。
8架"复仇者"鱼雷轰炸机,隶属第846中队,驻"号手"号航空母舰。
12架"复仇者"鱼雷轰炸机,隶属第852中队,驻"印度长官"号航空母舰。
6架"野猫"战斗机,隶属第846中队,驻"号手"号航空母舰。
4架"野猫"战斗机,隶属第852中队,驻"印度长官"号航空母舰。
12架"萤火虫"战斗机,隶属第1770中队,驻"不倦"号航空母舰。
12架"海喷火"战斗机,隶属第801中队,驻"暴怒"号航空母舰。
12架"海喷火"战斗机,隶属第880中队,驻"暴怒"号航空母舰。
16架"海喷火"战斗机,隶属第887中队,驻"不倦"号航空母舰。
16架"海喷火"战斗机,隶属第894中队,驻"不倦"号航空母舰。

尔皮茨"号发起数轮空袭。8月20日晚，英军航空母舰编队抵达阿尔滕峡湾西北方的预定海域。至少就穆尔掌握的情报来看，德国人并没有察觉他们的动向。然而，坏天气再次降临，空袭被迫延后一天。穆尔命令护航驱逐舰和护卫舰利用这段时间补充燃料，以便在接下来的行动中持续伴随航空母舰作战。

按计划，参加空袭的"梭鱼"鱼雷轰炸机都将挂载1枚1600lb穿甲炸弹。与此前的行动一样，"海盗"战斗机、"海喷火"战斗机和1个中队的"萤火虫"战斗机将提供空中掩护。不过这一次，"海盗"和"地狱猫"战斗机也将携带500lb炸弹。除执行轰炸任务的"梭鱼"外，其他"梭鱼"将执行反潜巡逻任务。舰队防空任务由为数众多的"海喷火"和"地狱猫"战斗机承担。显然，穆尔对德军轰炸机的威胁不敢掉以轻心。来自护航航空母舰的"复仇者"鱼雷轰炸机将在卡亚峡湾投下水雷，封锁"提尔皮茨"号的出海通道。

8月22日早5时30分，天气预报显示当天气象条件良好，穆尔下令于上午8时30分正式发起空袭。但不期而至的一股阴云再次导致任务延迟，直到上午11时，首批"海盗"战斗机才相继从"可畏"号航空母舰上起飞。50分钟后，空袭机群编队完毕，随即向目标空域飞去。整个机群包括来自4个中队的31架"梭鱼"鱼雷轰炸机、24架"海盗"战斗机、11架"萤火虫"战斗机、9架"地狱猫"战斗机和8架"海喷火"战斗机。众多"复仇者"此时还在飞行甲板上待命——舰队为这些鱼雷轰炸机准备的水雷只能满足一次行动所需，而如果行动取消，它们就要在返航前将水雷抛到海里，因此穆尔决定待气象条件完全转好后再让"复仇者"出动。空袭编队以500ft高度向挪威海岸迫近，在距离海岸15mile时爬升至10000ft高度。

此时，挪威海岸空域仍旧积聚着浓厚的云层，云层高度为1500ft。这意味着俯冲轰炸的成功概率几乎是零。因此，空袭指挥官韦斯特少校（Lieutenant Commander West）命令"梭鱼"和"海盗"返航，其余战斗机则继续前飞，各自寻找目标发起攻击："海喷火"扫射了巴纳克机场及其附近的水上飞机基地，"萤火虫"则扫射了卡亚峡湾附近的高射炮阵地。12时49分，"地狱猫"突然出现在"提尔皮茨"号上空。这使德军猝不及防，没能组织起有效的防空火力。事后，一名飞行员声称他击中了"提尔皮茨"号的前部上层建筑，但后者实际上安然无恙。行动中，1架"地狱猫"，以及1架袭击科尔维克（Kolvik）水上飞机基地的"海喷火"被击落。另有1架隶属第827中队的"梭鱼"在着舰（"暴怒"号）时坠海，机组成员被己方驱逐舰成功救起。

这次代号"古德伍德Ⅰ"的行动只是穆尔计划开展的一系列袭扰行动的序曲。只要气象条件良好，穆尔就会让麾下机群倾巢而出，向"提尔皮茨"号发起不间断空袭。当天晚上，英军战机再次集结，行动代号"古德伍德Ⅱ"。18时30分，6架"地狱猫"战斗机（携带500lb半穿甲炸弹）和8架"萤火虫"战斗机从"不倦"号航空母舰上起飞。19时10分，机群飞抵卡亚峡湾空域，又一次在德军几乎毫无防备的情况下开始倾斜弹药。尽管天时地利，但仍然没有一架战机投下的炸弹击中"提尔皮茨"号。从阿尔滕峡湾返航的路上，飞行员们只能再次靠着扫射其他目标发泄情绪。所幸大家最终都安全归舰。

截至8月22日所有行动结束，英军共损失3架战机。与此同时，为舰队护航的"海喷火"击落了2架执行侦察任务的德军水上飞机。对英国人而言，尽管最终目标依然遥不可及，但还不至于颗粒无收。唯一令穆尔难以释怀的是，他当天下午命令"可畏"号和"暴怒"号航空母舰，以及第2分遣舰队脱离编队，与处于舰队以西海域的油船会合，补充燃料。这项不明智的举措使早已盯上他们的德军潜艇有了可乘之机。17时55分，由萨默尔中尉指挥的ⅦC型潜艇U-354号，发射鱼雷击中了"印度长官"号护航航空母舰和"比克顿"号护卫舰。经全力抢救，"印度长官"号最终在护航舰的伴随下蹒跚离开战场，返回

▶ 8月22日的"古德伍德"行动中,英军的"印度长官"号护航航空母舰被德军U-354号潜艇发射的鱼雷击中。颇为讽刺的是,"印度长官"号的任务正是为航空母舰编队提供反潜支持。遭袭后的"印度长官"号舰体向左舷倾斜,舰艉下沉,所幸她最终凭借自身动力返回了斯卡帕湾,随后被拖至罗塞斯(Rosyth)修复

了斯卡帕湾。而"比克顿"号因伤势过重被凿沉。这样一来,穆尔等于损失了大半携带水雷的"复仇者"鱼雷轰炸机,峡湾布雷计划只得告吹。两天后,一架驻"保护者"号航空母舰的"剑鱼"鱼雷轰炸机用水雷炸沉了U-354号潜艇。穆尔读到这则战报时或许会稍感宽慰。

8月23日,当穆尔苦等着漫天浓雾散去时,"可畏"号和"暴怒"号航空母舰终于回来了。于是,他和幕僚团队计划次日出动全部兵力再次发起空袭。

8月24日破晓时分,天气仍不见好转,英军只能耐心等待。当天下午13时30分,穆尔下令开始空袭。14时30分,任务机组从航空母舰上接续起飞,"古德伍德Ⅲ"行动拉开帷幕。空袭主力是来自4个中队的33架"梭鱼"鱼雷轰炸机,每架都挂载1枚1600lb穿甲炸弹,其余"梭鱼"则执行反潜巡逻任务。24架"海盗"战斗机中有5架挂载了1100lb穿甲炸弹,10架"地狱猫"战斗机各挂载1枚500lb穿甲炸弹,"萤火虫"战斗机则专注于空中掩护。这次行动中,"海盗"战斗机的任务是攻击卡亚峡湾里的任何有价值目标。此外,8架"海喷火"战斗机奉命攻击巴纳克机场,其余"海喷火"在舰队上空巡逻。下午的气象条件堪称完美,以500ft高度飞行的机组成员甚至能看到60mile外的挪威海岸。

不幸的是,英军机群尚未飞抵海岸就被德军雷达发现。15时41分,"提尔皮茨"号拉响了防空警报,舰员们纷纷冲向战位,烟幕释放装置也开始工作。英军机群飞过朗格峡湾时,遭到了锚泊于此的德军驱逐舰的高射炮攻击。卡亚峡湾上空,德军高射炮在3000~4000ft高度打出了一个巨大的弹幕。不过,当英军战机冲进峡湾开始扫射地面上的高射炮阵地时,弹幕已经逐渐消散。15时59分,"地狱猫"战斗机冲向被烟幕笼罩的"提尔皮茨"号。尽管德军的高射炮火十分猛烈,但英军战斗机坚持在目标上空盘旋,等待着合适的投弹时机,直到"梭鱼"们赶来。"提尔皮茨"号的"布鲁诺"炮塔被一枚炸弹击中,这是英军战斗机给她造成的唯一损伤。1架"地狱猫"在与"提尔皮茨"号缠斗时被击落,另有1架在攻击一座海岸无线电台时被击落。

随后发起攻击的是5架挂载炸弹的"海盗"战斗机。其中1架的飞行员声称自己投下的500lb炸弹击中了"提尔皮茨"号,但事后证明这是误报。真实

情况是5架"海盗"中有3架被当场击落，另有1架严重受损，不得不在"可畏"号航空母舰附近海域迫降。

接力攻击的是"梭鱼"鱼雷轰炸机。几乎所有机组成员都没能准确锁定目标，只能向烟幕中曳光弹射来的方向投弹。33架"梭鱼"以五机或六机编队形式，分波次向"提尔皮茨"号发起挑战。为避开高射炮弹幕，大多数机组的投弹高度都在4000ft左右。有几个勇敢的机组冒险穿过了弹幕，但受阻于致密的烟幕也难有作为，只有1枚1600lb穿甲炸弹击中了"提尔皮茨"号左舷靠近舰桥的部位。

返航途中，英军机群没有放过任何目力所及的德军目标，包括高射炮阵地、巡逻船、驱逐舰和防空船。过于激进的战术导致他们损失了1架"地狱猫"战斗机，另有1架"海盗"战斗机受创后在海面迫降。多架"梭鱼"鱼雷轰炸机受损严重，在大修前无法再次升空。这次行动，英军在阿尔滕峡湾上空损失了6架战机，另有1架在着舰时坠毁。这一切似乎都是值得的，因为他们至少两次击中"提尔皮茨"号，并有效削弱了锚泊地周围的防空火力。1枚1600lb炸弹穿透了5层甲板，但没有爆炸。"地狱猫"战斗机投下的500lb炸弹炸毁了"布鲁诺"炮塔顶部的四联装高射炮位。最终，"提尔皮茨"号上有8人阵亡，18人受伤。

行动过后，舰龄较老的"暴怒"号航空母舰疲态尽显，燃料也即将耗尽。8月25日早些时候，"暴怒"号脱离了舰队。穆尔命令第1分遣舰队的部分舰艇赶往法罗群岛补充燃料，其余舰艇则接受第9分遣舰队的油船补给。8月29日凌晨3时，自法罗群岛返回的舰艇与第1分遣舰队大部在距阿尔滕峡湾西北250mile的海域会合，舰队随后向海岸方向航行。正午时分，他们抵达距"提尔皮茨"号锚泊地80mile的预定海域。随着气象条件逐渐转好，到15时30分，第一批战机从"可畏"号和"不倦"号航空母舰上陆续起飞，这标志着"古德伍德Ⅳ"行动正式开始。25分钟后，机群完成编队，向着卡亚峡湾飞去。

这次空袭编队的组成情况为：26架"梭鱼"鱼雷轰炸机，每架挂载1枚1600lb穿甲炸弹；2架"海盗"战斗机各挂载1枚1000lb穿甲炸弹；3架"地狱猫"战斗机各挂载1枚500lb穿甲炸弹，另有4架"地狱猫"战斗机挂载了用于指示目标的照明弹；15架"海盗"战斗机和10架"萤火虫"战斗机负责空中掩护。

"古德伍德Ⅲ"行动，卡亚峡湾，1944年8月24日

1944年8月18日，一支英军航空母舰编队离开斯卡帕湾，前往阿尔滕峡湾附近海域。随后，由编队航空母舰上起飞的数波机群袭击了锚泊在卡亚峡湾的"提尔皮茨"号战列舰。在这次代号"古德伍德"的系列作战行动中，英军要协调来自5艘航空母舰的轰炸机、攻击机和战斗机群。"古德伍德Ⅰ"和"古德伍德Ⅱ"行动于8月22日开始，前者受制于低垂的云层没能顺利展开，而后者也只是由"萤火虫"战斗机和"地狱猫"战斗机开展了小规模袭扰。

8月24日，气象条件良好。以33架"梭鱼"鱼雷轰炸机为核心的英军空袭机群再次出击。携带小型炸弹的"海盗"战斗机和"地狱猫"战斗机将率先对"提尔皮茨"号发起攻击。为机群护航的是19架"海盗"战斗机和10架"萤火虫"战斗机。空袭于15时59分（英国双重夏令时，DBST）正式开始，挂载炸弹的战斗机自低空向"提尔皮茨"号发难，但后者早已开始释放烟幕。当首批"梭鱼"抵达目标空域时，"提尔皮茨"号已经被烟幕完全遮蔽。即便如此，空袭仍然按计划进行。"梭鱼"以五机或六机编队形式俯冲至5000ft，向着可能的目标方位投下1600lb穿甲炸弹。

冒着猛烈的高射炮火，轰炸机组只能通过穿透烟幕射来的曳光弹判断地面情况。那些被击中的"梭鱼"最终都奇迹般地幸存下来。但"提尔皮茨"号在烟幕的有效保护下也毫发无损。此后，英军又进行了一次空袭尝试，同样以失败告终。为此，英国海军部不得不向皇家空军轰炸机部队求援。

除上述战机外，还有7架"海喷火"战斗机组成一个编队袭击哈默菲斯特附近的德军舰艇。16时40分，德军雷达发现了英军空袭机群。受强风影响，空袭机群这次没有取道洛帕岛空域，而是从其南部数英里的地方飞越了挪威海岸，并由西南方接近"提尔皮茨"号，而不是以往的正西方。收到预警信息的德军防空部队早早启动了烟幕释放装置。英军原计划让4架"地狱猫"战斗机以投放彩色发烟照明弹的方式为轰炸机指示目标，但它们飞抵峡湾上空时发现"提尔皮茨"号已经完全"淹没"在烟幕中。

17时02分，挂载炸弹的"地狱猫"战斗机和"海盗"战斗机率先发起攻击，但所有炸弹都没能击中目标。在没有德军战机拦截的情况下，其余英军战机，包括携带照明弹的"地狱猫"，悉数扎进烟幕中，全力向"提尔皮茨"号所在方位，或峡湾边缘的德军高射炮阵地倾泻弹药。15分钟后，"梭鱼"鱼雷轰炸机以一列纵队发起攻击，它们在不低于3500ft的高度投下炸弹。随后，有些机组选择继续俯冲，一头冲进烟幕里。有机组成员报告称2枚炸弹击中"提尔皮茨"号，但事实证明又是误报。这次空袭中，1架执行低空扫射任务的"海盗"战斗机和1架"萤火虫"战斗机被击落，2架"梭鱼"鱼雷轰炸机身受重伤，艰难返航后接受了海葬。

对"提尔皮茨"号而言，"古德伍德"系列行动的四次空袭所造成的损失，除人员伤亡外几乎可以忽略不计。最严重的损伤源于一枚穿透5层甲板的

▶ 英国皇家空军中校J.B·威利·泰特（J.B. Willy Tait，1916—2007年）是第617轰炸机中队的指挥官，也是三次空袭"提尔皮茨"号战列舰行动（"破雷卫"行动、"消除"行动和"问答集"行动）的指挥官。他在战争期间执行过上百次轰炸任务，消灭"提尔皮茨"号一役使他名垂青史

1600lb 穿甲炸弹，但它并没有爆炸。真正令荣格舰长担忧的是弹药储备：仅此一役，"提尔皮茨"号共消耗 201 枚 380mm 口径炮弹、1141 枚 150mm 口径炮弹，以及 60% 的中小口径高射炮弹药库存。1944 年夏末，盟军的坦克正穿过法国逼近德国边境，这种情况下将很难补充弹药。

英军航空母舰回收舰载机后返回了斯卡帕湾，本土舰队其余舰艇则启航奔赴北极航线，为编号 RA-59 的船队护航。穆尔率舰队于 9 月 3 日抵达奥克尼群岛。与此同时，他通过破译的德军电报获悉，"提尔皮茨"号受到的实际损伤微乎其微。尽管皇家海军航空兵在作战过程中表现英勇，但结果是彻头彻尾的失败。异常顽强的"提尔皮茨"号仍然是北极航线的潜在威胁。显然，缺乏合适的重型弹药是皇家海军航空兵失败的主要原因之一。接下来，就要看皇家空军的小伙子们了。

使用"高脚柜"炸弹的空袭行动
"破雷卫"行动

英军还曾计划用"蚊"式双发轰炸机攻击"提尔皮茨"号战列舰。他们寄希望于让"蚊"式轰炸机从本土舰队的航空母舰上起飞，利用出色的高速性能赶在德军释放烟幕前投下炸弹。但大战末期各主要战场都急需"蚊"式轰炸机，碍于任务优先级问题，这项计划被束之高阁。随后，英军又将目光转向了美军的 B-17 轰炸机，它们能从苏联机场起飞发起空袭。不过此时的 B-17 轰炸机部队正忙于对德国本土进行不分昼夜轰炸，根本无暇他顾。最终，任务只能再次交给皇家空军轰炸机部队——"兰开斯特"轰炸机又要登场了。

幸运的是，此时的皇家空军轰炸机部队已经拥有了"趁手"的武器："约翰尼·沃克"是一种创意十足的空投水雷，入水后能在反复浮沉过程中做平移运动，采用触发引信；刚刚投入使用的"高脚柜"巨型炸弹重达 12000lb，具有流线形加固弹壳。以标准高度投放后，其触地瞬时速度能超过声速，足以穿透 16in 厚的混凝土，并产生地震效应。英军在打击德军导弹发射基地的行动中使用过"高脚柜"，他们希望这型炸弹在对付战列舰上同样有效。

▼ 这是一幅珍贵且罕见的照片，1944 年 8 月，一架隶属第 617 中队的"兰开斯特"轰炸机在投弹测试中投放了一枚 12000lb "高脚柜"炸弹。该中队随后参加了对"提尔皮茨"号战列舰的三次空袭行动。得益于新型轰炸瞄具的装用，只要在投放炸弹前目视辨清目标，投放精度就是有保障的

行动过程

"钨"行动，1944年4月3日

10000ft 高空的云量是 2 级（云量共分 10 级，1~10 级对应无云到完全被云遮蔽，译者注），能见度良好。

① 5 时 21 分，岸上烟幕释放装置开始释放烟幕，以遮蔽"提尔皮茨"号。

② 5 时 24 分，"海盗"战斗机和"地狱猫"战斗机开始扫射"提尔皮茨"号和高射炮阵地。

③ 5 时 28 分，第一波机群发起攻击。9 架隶属第 830 中队的"梭鱼"鱼雷轰炸机攻击了正在峡湾中机动的"提尔皮茨"号，其中 1 架被击落，没有炸弹击中目标。

④ 第二波机群发起攻击。12 架隶属第 827 中队的"梭鱼"鱼雷轰炸机攻击了返回防鱼雷网布设区的"提尔皮茨"号。

"吉祥物"行动，1944年7月17日

6000ft 高空的云量是 5 级，能见度良好。

⑤ 2 时 32 分，德军开始释放烟幕。10 分钟后，1000ft 高的烟幕完全遮蔽了"提尔皮茨"号。

⑥ 2 时 34 分，"海盗"战斗机和"地狱猫"战斗机飞抵卡亚峡湾，开始扫射"提尔皮茨"号和高射炮阵地。

⑦ 2 时 49 分，44 架"梭鱼"鱼雷轰炸机以五机或六机编队攻击了"提尔皮茨"号，由于目标被烟幕遮蔽，没有战机被击落，也没有炸弹击中目标。

"古德伍德"系列行动，1944年8月22—29日

"古德伍德 I"和"古德伍德 II"行动，1944 年 8 月 22 日。1500ft 高空的云量是 8 级，能见度尚可接受。

⑧ 12 时 49 分，"地狱猫"战斗机用 500lb 炸弹攻击"提尔皮茨"号。

⑨ 翌日清晨 7 时 10 分，7 架挂载炸弹的"地狱猫"战斗机从云中俯冲，完成了对"提尔皮茨"号的奇袭。7 架"萤火虫"战斗机跟进对目标扫射。空袭结束前，德军没来得及释放烟幕。没有战机被击落，也没有炸弹击中目标。

"古德伍德 III"行动，1944 年 8 月 24 日。

⑩ 15 时 54 分，德军接到空袭警报，开始释放烟幕。

⑪ 15 时 59 分，5 架"海盗"战斗机和 10 架"地狱猫"战斗机首先分别用 1100lb 炸弹和 500lb 炸弹攻击"提尔皮茨"号，然后对其进行扫射，最后攻击了阿尔滕峡湾岸边或海面上的其他目标。1 枚 500lb 炸弹击中"提尔皮茨"号，4 架"海盗"战斗机和 2 架"地狱猫"战斗机被击落。

⑫ 16 时 02 分，33 架"梭鱼"鱼雷轰炸机以五机或六机编队，在 4000ft 高度向"提尔皮茨"号投弹。此时的"提尔皮茨"号完全被 1000ft 高的烟幕笼罩，英军飞行员只能向透过烟幕射来的高射炮弹方向投弹。1 架战机被击落，1 枚 1600lb 炸弹击中"提尔皮茨"号。

"古德伍德 IV"行动，1944 年 8 月 29 日。8000ft 高空的云量是 4 级，能见度良好。

⑬ 16 时 48 分，德军接到空袭警报，开始释放烟幕。目标区域完全被烟幕遮蔽。

⑭ 17 时 02 分，3 架"地狱猫"战斗机和 2 架"海盗"战斗机分别用 500lb 炸弹和 1100lb 炸弹攻击"提尔皮茨"号，没有炸弹击中目标。15 架"海盗"战斗机和 10 架"萤火虫"战斗机跟进扫射了"提尔皮茨"号和岸上目标。

⑮ 17 时 17 分，26 架"梭鱼"鱼雷轰炸机以五机或六机编队在 3500~4000ft 高度向"提尔皮茨"号投弹。没有战机被击落，也没有炸弹击中目标。

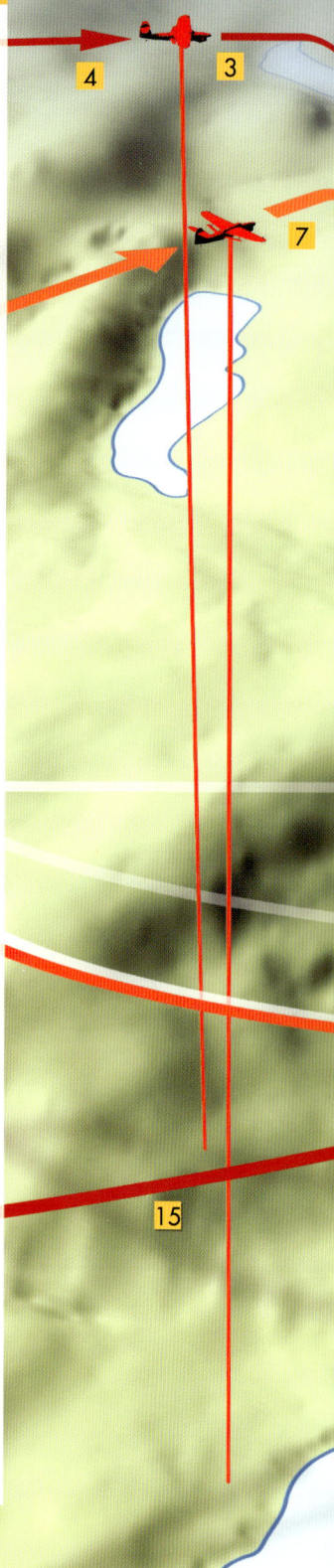

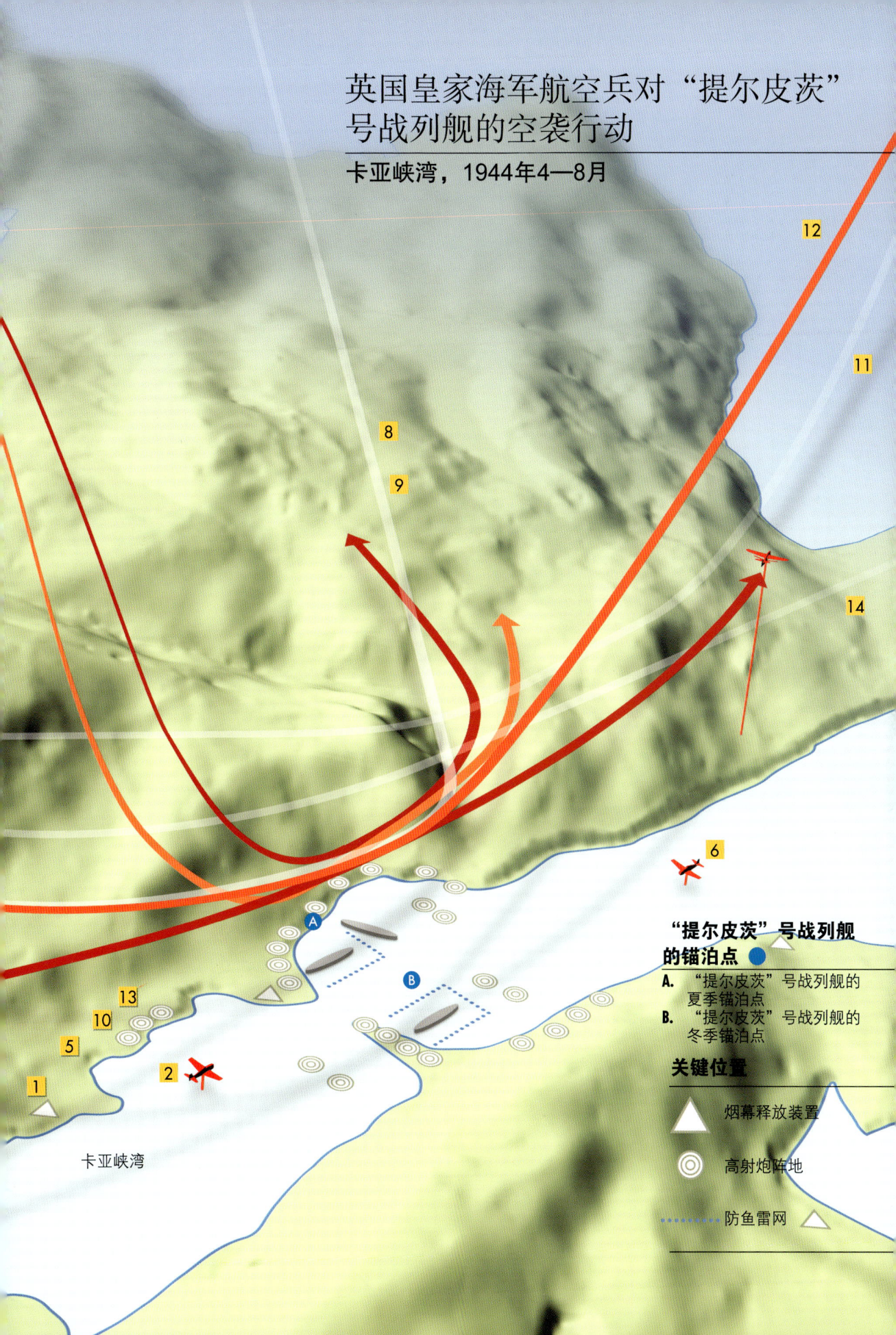

皇家空军轰炸机部队发现，"提尔皮茨"号锚泊的阿尔滕峡湾与苏格兰东北部机场的距离超出了"兰开斯特"轰炸机的作战范围，因此任务部队只能从苏联境内靠近阿尔汉格尔斯克的机场起飞。为此必须对轰炸机进行改装，加装额外的油箱并拆掉机身顶部的炮塔。好消息是，如果他们从东面接近卡亚峡湾，就能避开德军雷达站，给"提尔皮茨"号一个"惊喜"。

指挥层选中了第617中队（昵称"水坝破坏者"）执行空袭任务。该中队由皇家空军中校威利·泰特指挥，驻地为林肯郡的伍德霍尔斯帕（Woodhall Spa, Lincolnshire）。他们的"兰开斯特"轰炸机都经过改装，能挂载"高脚柜"炸弹。机组成员们大多具有丰富的作战经验。此外，巴岑中校（Wing Commander Bazin）指挥的第9轰炸机中队也被选为任务中队。该中队驻地在巴德尼（Bardney）附近，他们的轰炸机同样经过了改装。8月下旬，第5轰炸机大队接到命令，开始制定空袭计划，行动代号"破雷卫"。

英军最初考虑以苏联境内机场作返航地，按计划，"兰开斯特"轰炸机将从苏格兰东北部机场起飞，完成空袭"提尔皮茨"号任务后向东返航，在苏联北部机场降落。不过，由于阿尔滕峡湾空域的气象条件变幻莫测，该计划于9月11日遭否定。取而代之的计划是，英军轰炸机先飞到阿尔汉格尔斯克附近的雅果德尼克机场（Yagodnik），再从那里出发执行空袭任务。雅果德尼克机场位于德维纳河（Dvina River）的一座岛上，在阿尔汉格尔斯克西南方12mile处，距卡亚峡湾600mile。对英军而言，唯一的问题在于如何到达这座机场。9月12日晚19时，18架隶属第9中队的满载炸弹的"兰开斯特"轰炸机从巴德尼起飞，伴航的2架"解放者"轰炸机（Liberator）满载着备件和地勤人员。1架隶属第463中队的"兰开斯特"轰炸机负责拍摄整个行动过程。另有1架"蚊"式轰炸机随队执行侦察任务，在行动开始前确认"提尔皮茨"号是否在卡亚峡湾的锚泊地内。与此同时，20架隶属第617中队的"兰开斯特"轰炸机从伍德霍尔斯帕起飞。至此，"破雷卫"行动正式启动。

▶ 1944年9月15日，一架以约20000ft高度飞行的"兰开斯特"轰炸机拍下了这幅照片，展现了"破雷卫"行动刚刚打响时的场面："兰开斯特"轰炸机投下的"高脚柜"炸弹和"约翰尼·沃克"水雷正落向"提尔皮茨"号战列舰。照片中这架隶属"A分队"的轰炸机已经投下"高脚柜"炸弹，它正以15000ft高度飞越峡湾。此时，德军释放的烟幕渐渐弥漫开来，遮蔽了照片上部边缘处的目标

◀ 来自苏格兰的拉尔夫·柯克兰少将（Air Vice Marshal Ralph Cochrane, 1895—1977年），是英国皇家空军第5轰炸机大队的指挥官，也是特种轰炸领域的专家。由他指挥的最著名的轰炸行动发生在1943年5月，第617中队炸毁了德国鲁尔河上的水坝。柯克兰由此看到了"高脚柜"炸弹的巨大潜力，他麾下2个中队的轰炸机经过改装后都能挂载这型炸弹。1944年8月，柯克兰的大队接到了空袭"提尔皮茨"号战列舰的命令

英军轰炸机编队一路向北飞行，经过洛西茅斯机场时，"解放者"轰炸机降落补充燃料。接下来，编队飞过奥克尼群岛和设得兰群岛。期间，1架"兰开斯特"轰炸机因发动机故障返航。其余轰炸机相继穿越挪威和瑞典领空，飞过波的尼亚湾（Gulf of Bothnia）和芬兰领空，在奥涅加湖（Lake Onega）西部进入苏联领空。起飞前，机组成员们得到的情报是目的地气象条件和能见度良好，但他们抵达目标空域后才发现，那里是一望无际的森林、湖泊和沼泽，云层低垂，地表有雾，还不时雷雨交加。大多数机组始终没能找到与苏军联络的无线电频道。最终只有23架"兰开斯特"轰炸机成功降落在雅果德尼克机场，

其余14架要么降落在阿尔汉格尔斯克附近的备用机场，要么在飞行员能找到的为数不多的平地上迫降。

第二天，泰特中校搭乘一架老式苏联双翼机去寻找迷航的轰炸机，降落在备用机场的轰炸机则在重新加注燃料后飞到了雅果德尼克机场。泰特在阿尔汉格尔斯克附近的凯格-奥斯特洛夫（Keg-Ostrov）附近发现了5架迷航轰炸机，在塔拉基（Talagi）附近，甚至雅果德尼克以东70mile处的奥涅加都有迷航轰炸机。到9月12日晚，共有31架"兰开斯特"轰炸机在雅果德尼克机场集结，其余6架（包括第9中队的4架和第617中队的2架）因受损严重报废——好在它们还可以为尚能执行任务的轰炸机提供备件。这期间，英军遇到的苏联军人都非常友善，尽可能给予他们帮助。9月13日一整天，英军地勤人员都在忙于修理受损的轰炸机。次日清晨，可出动的"兰开斯特"轰炸机有27架。其中，20架各挂载1枚"高脚柜"炸弹，6架挂载"约翰尼·沃克"水雷，1架负责拍摄行动过程。由于执行侦察任务的"蚊"式轰炸机从卡亚峡湾发回报告称目标空域被低云笼罩，原定上午8时起飞的机群不得不将行动推迟了一天。

9月14日，无所事事的英军机组成员们踢上了足球，与苏联同僚打成一片，大家都短暂地沉浸在伏特加带来的欢愉中。只有泰特中校依然紧绷着神经，他在几番权衡后修改了空袭计划：2个中队的"兰开斯特"轰炸机将一起出发，在飞越芬兰领空的过程中保持500ft以下的飞行高度，以规避德军设置在摩尔曼斯克东北70mile处的希尔克内斯雷达站（Kirkenes）。接下来，飞过拉普兰后，空袭机群将兵分两路。A分队负责向目标投掷"高脚柜"炸弹，摄影机与该分队伴航。发起攻击前，A分队轰炸机将爬升到20000ft高空，分为4个五机编队。第一个五机编队中，隶属第9中队的3架轰炸机飞行位置稍靠前，它们将在其他轰炸机飞抵目标空域前侦测卡亚峡湾的天气条件。B分队的6架轰炸机携带"约翰尼·沃克"水雷，保持16000ft的飞行高度。

9月15日破晓前，肩负侦察任务的"蚊"式轰炸机率先启航。9时整（DBST，苏联当地时间早7时），"蚊"式轰炸机发回报告称目标空域天气晴好。半小时后，即9时30分（DBST），"兰开斯特"轰炸机相继出发，向西飞越白海（White Sea）。途中，6架"兰开斯特"因机械故障返航，其余继续向挪威飞去，全程未被德军发现。将近正午12时，泰特命令机群爬升。40分钟后，阿尔滕峡湾出现在飞行员们眼前。随后，泰特命令A分队以14000~18000ft高度向目标投弹。此时，德军发现了英军机群。当A分队接近目标空域时，卡亚峡湾岸边的干扰烟幕已经蔓延开来。12时56分，A分队的第一个五机编队赶在"提尔皮茨"号被浓烟遮蔽前投下了炸弹，其中1枚（可能由泰特的座机投放）成功击中目标。然而，余下的编队就没那么幸运了。他们顶着浓烟"摸索"着投下了17枚"高脚柜"炸弹。有些机组甚至折返回来，再次飞越目标空域，试图在浓烟中找到一丝缝隙，但这样的冒险最终只是徒劳。

B分队轰炸机盘旋着等待A分队投弹完毕。他们原本瞄准的是卡亚峡湾西北部的一个山头，那里恰好尚未被烟幕遮蔽。但机组成员们随后调整了瞄具，他们希望"约翰尼·沃克"水雷能落在"提尔皮茨"号附近。大部分轰炸机最终在10000~12000ft高度投放了水雷，结果没有一枚能触及目标。13时07分，空袭结束，英军机群开始向苏联机场返航。唯有那架摄影机朝着林肯郡的沃丁顿（Waddington）飞去，并在13.5小时后，即23时左右（DBST）降落在当地机场。返回雅果德尼克的机群受到了苏联同僚的热烈欢迎，军乐队高奏凯歌送来了伏特加。第二天一早，大部分英军机组强打着精神飞往林肯郡，他们将在那里收到战斗报告。途中，1架隶属第617中队的"兰开斯特"在挪威奈斯比恩（Nesbyen）附近坠毁，机组成员全部罹难。

战报表明，空袭当天投下的所有炸弹中，只有1枚"高脚柜"击中了"提尔皮茨"号。这枚炸弹正中"安东"炮塔前部舯楼，穿过水平装甲带，从右舷水下部分穿出后爆炸，对"提尔皮茨"号水线以下舰体造成了严重破坏。一名军官将舯楼上的弹洞形容为"谷仓大门"（a barn door）。"提尔皮茨"号的前部舱室涌入了超过2000t海水，爆炸冲击波导致其内部结构严重损毁。一位挪威当地目击者声称，"提尔皮茨"号右舷水下部分的破洞"大得可以开进一艘战列舰交通艇"。爆炸引发的地震效应破坏了"提尔皮茨"号的锅炉、蒸汽轮机和众多辅助机械设备。五天后，"蚊"式轰炸机拍摄的侦察照片显示，"提尔皮茨"号的舰艏已经没入水中，并被某种伪装物所遮掩。

最终，通过破译的德军密码，英军掌握了"提尔皮茨"号的真实受损情况。9月19日的一份德军电报称，"提尔皮茨"号被1枚大型炸弹击中，适航性遭到严重影响。颇为讽刺的是，德军在官方通告中却声称"提尔皮茨"号只受了轻伤。9月25日，在柏林召开的由邓尼茨主持的会议中，有人提到让"提尔皮茨"号恢复战斗力至少需要9个月时间。战争发展到这一阶段，如此漫长的修复周期显然是难以接受的。因此，邓尼茨命令"提尔皮茨"号留守挪威，作为浮动炮台阻滞盟军可能发起的登陆行动。从命令下达的那一刻起，"提尔皮茨"号在德军中所扮演的角色，就已经不再是一艘具有举足轻重地位的主力舰了。此时，德军需要做的是为她寻找一个新的锚泊地，那里的战略价值要衬得上她380mm口径的主炮，同时要足够浅，就算被击中也不会沉没。即使最上甲板被炸毁，她还能作为固定炮台发挥余热。

德军最终选定的新锚泊地位于挪威北部的索博腾海峡内侧，特罗姆瑟以西3.5mile处的哈考伊岛附近。10月15日中午，"提尔皮茨"号离开卡亚峡湾，在拖船的帮助下，靠着自身动力缓缓驶向阿尔滕峡湾入口——此时她只能维持3kn航速。前往新锚泊地途中，为利用外海岛屿遮掩行踪，"提尔皮茨"号的航线几乎一直紧靠海岸线。潜艇战斗群负责在外海巡逻警戒，护航驱逐舰和小型后勤船舶则小心翼翼地辅佐着这艘行将就木的"巨兽"蹒跚着驶向自己的命运归处。第二天下午，格林尼治标准时间15时，"提尔皮茨"号抵达哈考伊岛附近的锚泊地。10月18日，英军侦察机发现了"提尔皮茨"号。在德军将卡亚峡湾的高射炮和烟幕释放装置运往特罗姆瑟期间，除自己的高射炮和2艘锚泊在附近的

▼ 执行空袭"提尔皮茨"号战列舰任务的"兰开斯特"轰炸机都接受了改装。"高脚柜"炸弹的弹体最大直径是3ft 3in，弹翼直径更是达到3ft 6in，改装后的"兰开斯特"轰炸机弹舱向外凸出

行动过程

1944年9月,锚泊卡亚峡湾的"提尔皮茨"号战列舰在英军的空袭中遭重创。经紧急修理后,她转移到峡湾以南120n mile处的特罗姆瑟附近。确认"提尔皮茨"号无法再出海作战后,德军准备将她用作水上浮动炮台,以阻滞盟军可能发起的登陆行动。"提尔皮茨"号对北极航线已经不存在实质上的威胁,但英军并不掌握她的实际受损情况,因此仍在筹划新的空袭行动。10月下旬,英军发起"消除"行动,挂载"高脚柜"炸弹的"兰开斯特"轰炸机再次空袭了"提尔皮茨"号,但受制于目标空域低垂的云层而未能成功。在随后的"问答集"行动中,特罗姆瑟空域终于放晴,更令人难以置信的是,德国空军自始至终都没有派出战机去拦截英军轰炸机。这一次,"提尔皮茨"号耗光了自己的运气,先后被3枚"高脚柜"炸弹击中。30分钟后,这艘"永不沉没"的战列舰彻底倾覆,近1000名舰员殒命。

"消除"行动,1944年10月29日

6000ft高空的云量是8级,能见度良好,轰炸机投弹高度为14000ft。

① 早7时49分,第617中队的20架"兰开斯特"轰炸机发起攻击,在13000~15000ft高度投下"高脚柜"炸弹。目标完全被云层遮蔽,没有战机被击落,也没有炸弹击中目标。

② 早7时55分,第9中队的17架"兰开斯特"轰炸机发起攻击。能见度很差,3架轰炸机的机组成员未能发现目标,因此没有投弹。没有战机被击落,但有4架被高射炮击伤,没有炸弹击中目标。

③ 早8时05分,行动总指挥泰特中校乘机在目标空域盘旋,观察攻击效果。在能见度极差的情况下,有些轰炸机坚持在目标空域的云层之上盘旋,等待合适的投弹时机。泰特最终命令机群返航。

"问答集"行动,1944年11月12日

18000~20000ft高空的云量是3级,能见度良好,轰炸机投弹高度为14000ft。

④ 9时42分,第617中队的6架"兰开斯特"轰炸机发起第一波攻击,在12500~15000ft高度投下"高脚柜"炸弹。随后,领队机飞离目标空域,泰特中校的座机则继续在目标空域盘旋,观察后续波次的投弹情况。早9时42分至9时45分,第617中队的18架轰炸机在3分钟内完成投弹。

⑤ 9时45分刚过,第9中队的10架"兰开斯特"开始投弹。攻击持续到9时49分。此时,"提尔皮茨"号的舰体已经明显倾斜。该中队最后出击的3架轰炸机没有投弹,因为任务已经完成。

⑥ 除泰特中校的座机和摄影机滞留目标空域外,其余轰炸机均由"提尔皮茨"号上空左转,飞过科瓦罗亚岛经外海返航。

⑦ "提尔皮茨"号被至少2枚"高脚柜"炸弹直接击中,严重受损并开始倾斜。10时04分,弹药库的殉爆撕裂了舰体,导致"提尔皮茨"号完全倾覆,最终在水面上只能看到她翻转过来的舰底。

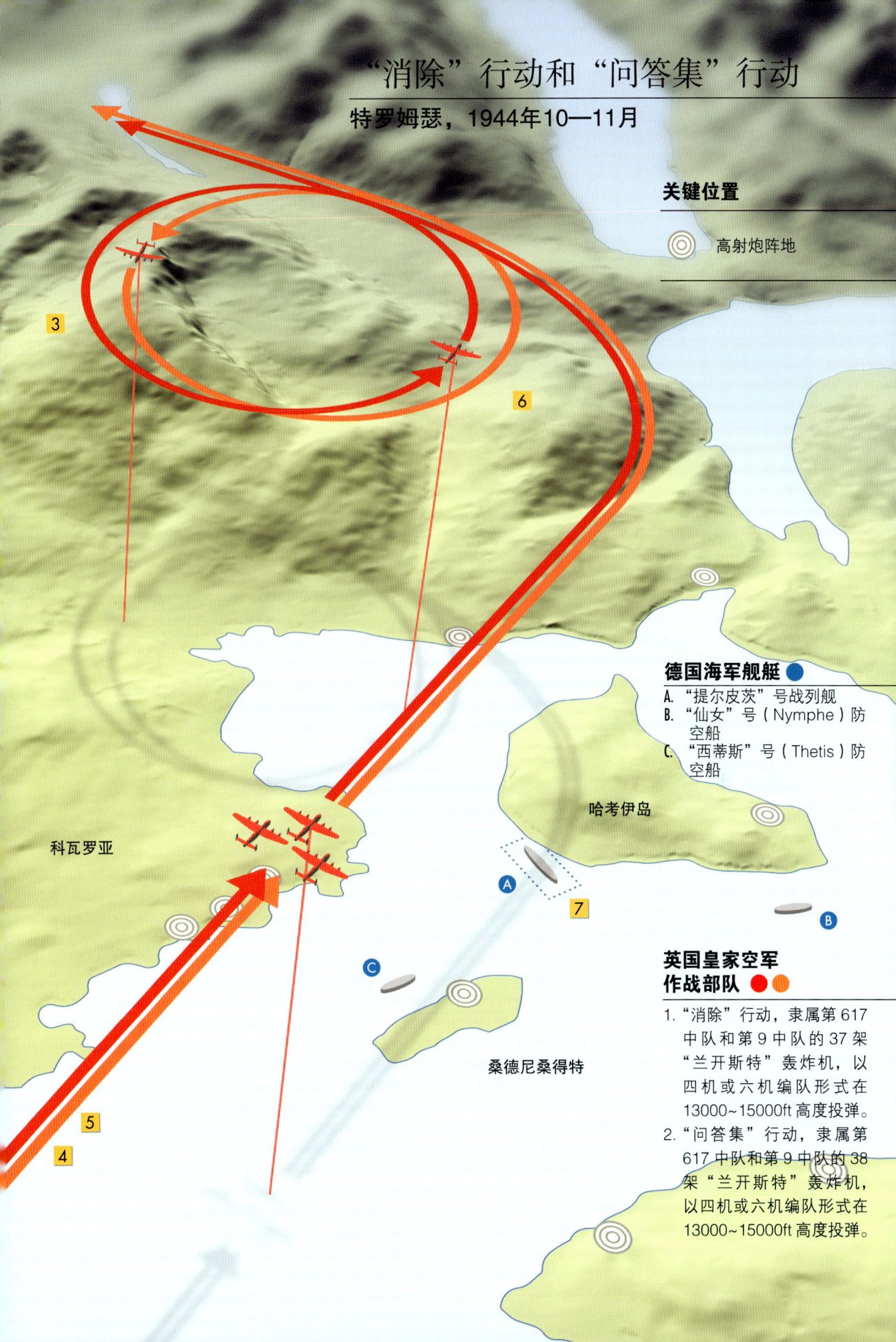

▲ 1944年11月,"提尔皮茨"号战列舰正锚泊在特罗姆瑟附近的哈考伊岛旁,这是她的最后一处锚泊地。这幅照片由英军侦察机拍摄,可见"提尔皮茨"号的泊位在岛屿东南角,周围有防鱼雷网保护。北方稍远处锚泊着一艘防空船,而另一艘防空船的泊位刚好在照片右下角之外

防空船外,"提尔皮茨"号就指望不上其他防空火力了。英军非常清楚,在"提尔皮茨"号锚泊地的防空力量加强前,他们将获得千载难逢的空袭窗口。于是,第5轰炸机大队接到命令,其下辖的2个"兰开斯特"轰炸机中队将再次空袭"提尔皮茨"号。

"消除"行动

对英军轰炸机部队而言,"提尔皮茨"号锚泊在特罗姆瑟比锚泊在阿尔滕峡湾更有利。因为特罗姆瑟与英国本土的距离比阿尔滕峡湾近了200mile。理论上,从苏格兰东北部机场起飞的"兰开斯特"轰炸机尚能应付这段航程。但挂载"高脚柜"炸弹后,"兰开斯特"的航程会略有下降。于是,有人提议为"兰开斯特"加装原配"惠灵顿"轰炸机(Wellington)的细长副油箱,弹舱两侧各挂载1具,再加上原配"蚊"式轰炸机的可抛弃式副油箱,其燃油携带量能增加300gal,达到2406gal,刚好满足从特罗姆瑟返航所需的油量。

不过,加挂副油箱也意味着"兰开斯特"会超重2t。第9中队和第617中队的"兰开斯特"在"破雷卫"行动中已经拆除了顶部机枪塔,因此工程师们没有选择再拆除其他机枪塔,而是卸掉了保护驾驶舱底部的装甲板。同时,为提高动力性能,24架机龄较老的"兰开斯特"都换装了梅林(Merlin)T24发动机。如此一来,这些轰炸机至少能安全返航了。

但空袭依旧困难重重:第一个不确定因素在于,2个驻扎在林肯郡的轰炸机中队随时可能被盟军最高司令部派去执行轰炸德国本土的任务;第二个不确定因素在于,进入10月后,特罗姆瑟的天气又将变得阴晴不定,而漫长的冬日极夜也即将到来。好在,10月下旬的长期天气预报显示,目标空域的气象条件

将持续晴好。10月28日，2个轰炸机中队接到命令，分别从巴德尼和伍德霍尔斯帕向北转场至洛西茅斯和金罗斯机场（Kinloss）——1942年英国皇家空军轰炸机部队空袭"提尔皮茨"号时曾使用过这两座机场。此外，埃尔金（Elgin）附近的米尔顿机场（Milltown）也用于安置轰炸机和地勤人员。最终，共有36架"兰开斯特"轰炸机（2个中队各18架）集结执行这次空袭任务，行动代号"消除"。

当晚，机组成员听取了行动前的最后一次任务简报。按计划，2个中队的轰炸机将先向北飞过奥克尼群岛和设得兰群岛。随后，机群将降低高度，转向挪威空域飞行，并在特罗姆瑟南部的某个区域越过挪威海岸——情报显示，那里是德军从博多到特隆赫姆沿线雷达站的探测盲区。接下来，机群将在群山中的一个湖泊上空完成编组，转向西北方直抵目标空域。在英军指挥层看来，群山能掩蔽轰炸机群的航路，达到奇袭效果。理想情况下，轰炸机群将在13500ft高度向"提尔皮茨"号投弹。第617中队的机群将率先发起进攻，第9中队的机群紧随其后。10月28日午夜，一架执行侦察任务的"蚊"式轰炸机从特罗姆瑟发回报告，称当地气象条件良好。格林尼治标准时间10月29日凌晨1时03分至2时55分，参加空袭行动的轰炸机相继起飞。1架隶属第463中队的"兰开斯特"轰炸机负责航拍。包括后补充的3架"兰开斯特"（2架隶属第9中队，1架隶属第316中队）在内，共有40架轰炸机参与行动。

机群一路平安无事，大多数时间保持着1500ft的飞行高度。飞越挪威海岸线后，机群爬升至10000ft高度。此时，1架隶属第9中队的"兰开斯特"因发动机故障返航，其余轰炸机在挪威与瑞典交界处的托内特拉斯克湖（Lake Torneträsk）上空完成攻击编组——这里距特罗姆瑟有100mile远。接近目标空域时，泰特命令机群在14000ft高度组成一个大编队。随后，他们飞过巴尔斯峡湾（Balsfjord）尽头的群山，向西北方直奔特罗姆瑟。格林尼治标准时间早7时50分，机组成员们依稀望见了"提尔皮茨"号的身影，但此时风向突然开始变化。在阵阵西风的吹拂下，低云开始"吞噬"特罗姆瑟空域。7时59分，当第一批轰炸机飞抵"提尔皮茨"号上空时，这艘"巨兽"已经完全被云层遮蔽——仅仅1分钟前她还清晰可见。

情况比英军预想的似乎要糟糕得多，尽管来自卡亚峡湾的高射炮没来得及完全部署到位，但特罗姆瑟周围原有的高射炮火力已经足够猛烈。"提尔皮茨"号和两艘防空船上的高射炮也开始喷吐火舌。英军机组成员此时根本无法看清云层下的目标，但他们还是硬着头皮发起了攻击。32架轰炸机接续投下"高脚柜"炸弹。尚未投弹的机组大多选择在目标上空盘旋，寄希望于云层慢慢消散。1架隶属第617中队的"兰开斯特"被击中，蹒跚着飞入了瑞典领空。4架"兰开斯特"放弃投弹，另有2架没能按时抵达目标空域。共有3架"兰开斯特"被高射炮击中，但伤势都不严重。最终，所有任务机组都安全返航，但苦涩的失落感萦绕在每个人心头，任务部队的士气跌到了谷底：飞了那么远，眼看就要成功了，却在最后1分钟功亏一篑。

没有1枚炸弹击中目标，只有1枚近失弹落在"提尔皮茨"号舰艉50yd外的水面上，爆炸产生的冲击波导致其左侧推进轴支架松动。事实表明，尽管泰特周密规划了航线，但德军还是在他们飞越挪威海岸线时得到了预警，特罗姆瑟镇和"提尔皮茨"号锚泊地的防空警报早已响彻云霄。面对"纠缠不休"的英军机群，德军高射炮手们奋勇作战，"提尔皮茨"号的主副炮也努力制造着巨大的弹幕。行动过后，几乎没有德军官兵会怀疑英军轰炸机会再度"光临"，反而是英军决策层开始踌躇不定，因为临近11月，北极圈的光照时间将越来越短。当2个轰炸机中队返回基地时，他们的侦察机依然在目标空域盘旋，机组

▶ 1944年11月12日上午8时43分,"问答集"行动中,由奈特上尉(Flight Lieutenant Knights)驾驶的隶属第617中队的"兰开斯特"轰炸机拍下了这幅照片。可见"提尔皮茨"号战列舰的舰艉被炸弹击中,上层建筑窜出滚滚浓烟

成员们恨不能马上发回报告,告诉战友们天气已经转好,可以来干掉"提尔皮茨"号了。

"问答集"行动

1944年11月4日,荣格上校卸任"提尔皮茨"号舰长,前往驻挪威的德国海军司令部履职,他曾经的副手、炮术专家罗伯特·韦伯上校(Captain Robert Weber)继任舰长。韦伯上任时,挖泥船正在努力向"提尔皮茨"号所在的海床倾泻淤泥,以减小水深,在万不得已时让这艘"巨兽"搁浅,而不是倾覆。与此同时,锚泊地周边的防御体系已经日臻完善:烟幕释放装置、高射炮阵地和防鱼雷网悉数就位,从舰上直通巴杜弗斯机场的电话线也搭设完毕——随时可以请求空中支援。更重要的是,三周后白昼将日渐缩短,直到来年春暖花开时都不会有合适的空袭窗口。韦伯唯一需要祈祷的是,在这相对危险的三周里总能有低云和坏天气眷顾他的"提尔皮茨"号,不给英军可乘之机。

视角转向英军方面,11月4日,气象单位传来好消息,未来几天目标空域的天气将持续晴好,只是挪威北部正遭遇一股冬季强风的袭扰,第9中队和第617中队的轰炸机群随即挥师北上。11月11日,轰炸机群飞抵苏格兰,天气预报显示特罗姆瑟地区的好天气将持续足足两天。此时,一架在特罗姆瑟附近的"喷火"战斗机发回报告称目标空域有断云。即便如此,英军高层仍然果断批准了代号"问答集"的空袭行动。各机组在听取任务简报后枕戈待旦。这次空袭行动与"消除"行动的不同之处在于,情报表明德国空军的1个战斗机中队刚刚进驻特罗姆瑟南部42mile处的巴杜弗斯机场,而这座机场就在预定的轰炸航路旁。

格林尼治标准时间11月12日凌晨2时59分，32架参加空袭行动的轰炸机分别从洛西茅斯、金罗斯和米尔顿机场起飞。除第9中队的13架和第617中队的18架轰炸机外，还有1架隶属第463中队的摄影机（同为"兰开斯特"轰炸机）伴飞。机群以1500ft高度飞越北海，到达设得兰群岛上空后转向挪威。顺利飞越挪威海岸后，分散在夜空中的机群开始向托内特拉斯克湖上空集结。行动总领队泰特中校的座机第一批抵达集结空域，并在湖面上空盘旋。有2架第9中队的轰炸机迷失了方向，不得不返回英国。随后，泰特用手枪打出信号弹，命令机群飞向目标空域。此时，太阳已经从东方地平线上缓缓升起，阳光渐渐驱走了黑暗，用一名机组成员的话说，连空气都染成了"杜松子酒色"。这无疑是绝好的"空袭天气"，但也意味着从巴杜弗斯机场起飞的德军战机将对轰炸机群形成巨大威胁。

接近目标空域后，轰炸机群开始以四机或六机编队逐步爬升到14000~15000ft的预定投弹高度。泰特的座机一马当先，第617中队和第9中队的机群紧随其后。飞抵巴尔斯峡湾后，机群左转直抵目标空域。在距锚泊地20mile的地方，机组成员们望见了"提尔皮茨"号的身影，她的头顶此刻没有半点云雾遮蔽。泰特形容身处防鱼雷网中的"提尔皮茨"号犹如"网中的蜘蛛"。尽管没有云雾影响，但德军的高射炮火异常猛烈。来自"提尔皮茨"号的380mm口径炮弹不断在空中爆炸，形成巨大的橘色火球，似乎连空气都在颤抖。飞行员们必须屏息凝神，操纵着轰炸机沿既定航路接近目标。

轰炸机群从发现目标到飞抵投弹点需要5分钟。这期间，泰特注意到"提尔皮茨"号的舰艏朝向东北方，右舷正对机群。"提尔皮茨"号的左舷距哈考伊岛东南端400yd远，而面向机群的右舷被猛烈的高射炮火所覆盖。尽管她的主炮指向右舷方向，但因轰炸机群距离过近而无法发挥作用。

18架隶属第617中队的"兰开斯特"以四机或六机编队保持12650~16000ft的飞行高度，这意味着有些机组的实际投弹高度将低于预定投弹高度。好在以不同高度投弹也能分散德军的高射炮火，可谓有利有弊。格林尼治标准时间9时41分，泰特座机的自动投弹装置启动，当天的第一枚"高脚柜"炸弹迎头冲向"提尔皮茨"号，它需要30秒才能击中目标。泰特座机飞过"提尔皮茨"号头顶后左转，编队中有机组报告称第一枚炸弹正中目标。随后，其他轰炸机相

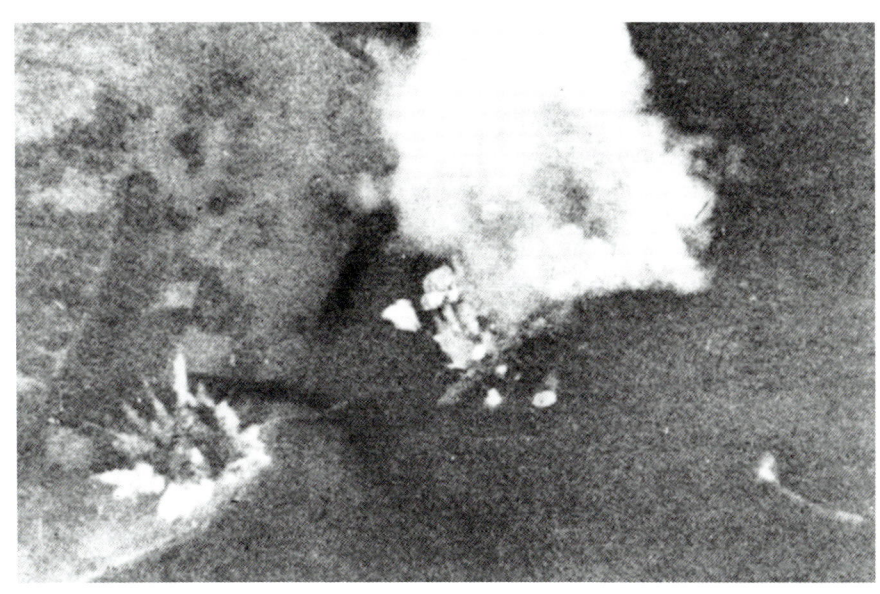

◀ 1944年11月12日上午8时44分，"问答集"行动中，由奈特上尉驾驶的隶属第617中队的"兰开斯特"轰炸机拍下了这幅照片。这架轰炸机的飞行高度是13400ft。可见"提尔皮茨"号战列舰已经被浓烟遮蔽，一枚"高脚柜"炸弹刚好在哈考伊岛上爆炸

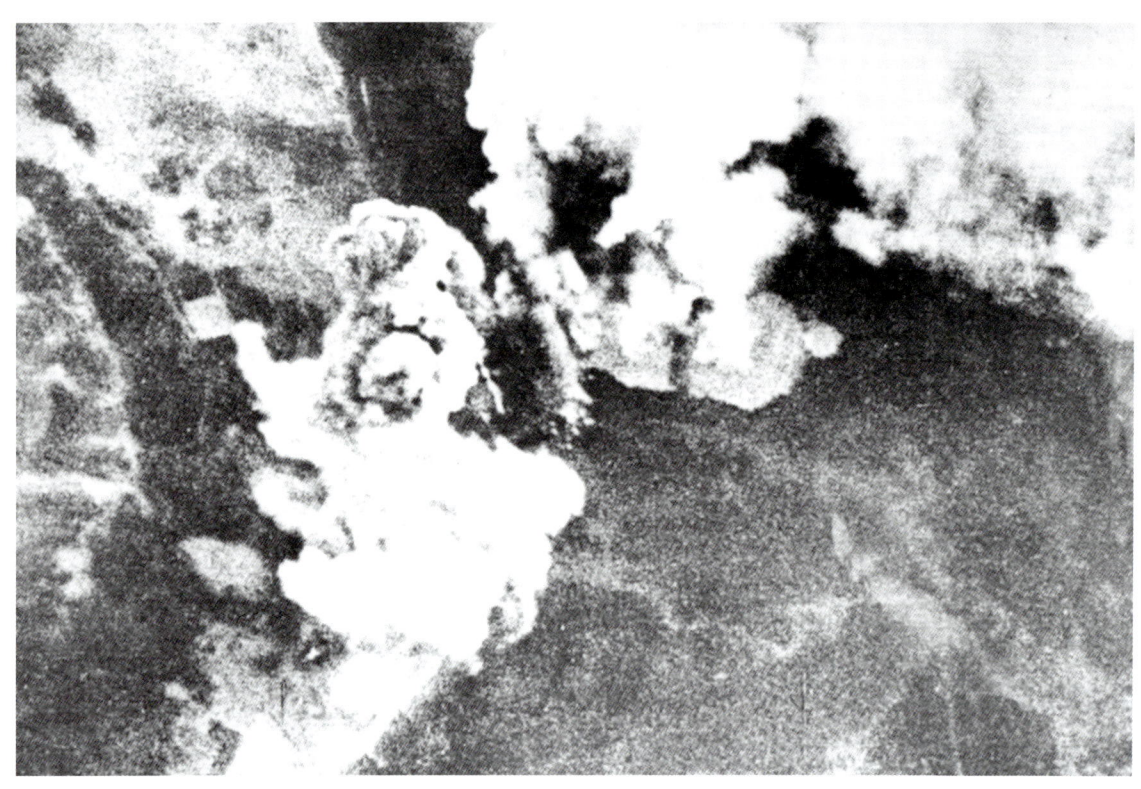

▲ 1944年11月12日8时49分,"问答集"行动中,以16000ft左右高度飞行的"兰开斯特"轰炸机拍下了这幅照片。可见"提尔皮茨"号战列舰已经完全被浓烟笼罩,舰艉发生了大爆炸,"凯撒"炮塔被炸飞

继投弹。"提尔皮茨"号顿时淹没在浓烟烈火和近失弹激起的巨大浪花中。在随队摄影师的相机镜头里,"提尔皮茨"号的舰艉腾起一团巨大的蘑菇云,这很可能就是泰特座机投下的那枚炸弹造成的。9时43分,另一枚炸弹击中"提尔皮茨"号舰舯。

第9中队的11架轰炸机接力登场,于9时45分投下第一枚炸弹,此时目标空域已经被浓烟笼罩,很难辨清"提尔皮茨"号的身形,因此有些机组不得不盘旋一周后再尝试瞄准投弹。摄影机和泰特座机在空中交错盘旋,泰特要亲眼见证他的小伙子们完成这次决定性空袭。9时49分,第9中队的轰炸机投下最后一枚炸弹,空袭结束。至少又有一枚炸弹击中目标。稠密的浓烟使机组成员们难以判断轰炸效果。但可以确定的是,在他们准备返航时,"提尔皮茨"号已经明显开始向左舷倾斜。9时49分,有机组成员看到"提尔皮茨"号上发生了大规模爆炸,几分钟后又发生了1~2次小规模爆炸。此时,泰特正带队向西南方的外海飞去。只有摄影机还滞留在目标上空,摄影师见证了"提尔皮茨"号不断向左舷倾斜并最终倾覆的全过程。不久后,在峡湾水面上就只能看到"提尔皮茨"号暗红色的舰底了。英军在付出两年多的卓绝努力后,终于猎杀了这艘海上"巨兽"。

视角转到"提尔皮茨"号上,韦伯舰长很早就接到了空袭警报,高射炮组的成员们也提前做好了战斗准备。但当他们近乎歇斯底里地联系巴杜弗斯机场请求空中支援时,德国空军指挥部却丝毫没有派出战机的意思。事后,空军高层也不过是轻描淡写地将此归结为"信息传递中的失误"。总之,除去岸上的高射炮阵地外,"提尔皮茨"号就只能靠自己了。当地时间8时02分(格林尼治标准时间9时02分),韦伯发出"各就各位"(Action Stations)的战斗指令。当地时间8时38分(格林尼治标准时间9时38分),"提尔皮茨"号上的各型火炮开始向英军轰炸机射击，但没能击中任何目标。当地时间8时41分（格林尼治标准时间9时41分），甲板上的舰员们眼睁睁地看着第一批"高脚柜"炸弹向他们扑面而来。

第一枚击中"提尔皮茨"号的"高脚柜"炸弹落在了烟囱左侧靠近水上飞机弹射器的部位，第二枚炸弹的落点则在稍微靠后的左舷部位。两枚炸弹都穿透水平装甲带在舰体内部爆炸，引发大火并造成严重漏水。此时，"提尔皮茨"号开始向左舷倾斜。随后，数枚炸弹在距"提尔皮茨"号不远的地方落入水中，爆炸产生的冲击波导致其水下结构大面积破损，甚至在海床上形成了一个大坑。韦伯见状立即下令堵漏，并开始疏散在主防御结构舱室里的舰员。但这一切都太迟了。

"提尔皮茨"号已经向左舷倾斜了15°，而且倾斜角还在不断加大。韦伯希望自己的战舰能搁浅在海床上，但他并不知道，剧烈的爆炸使之前填塞的泥沙流失殆尽，此时的水深已经大幅超过搁浅深度。当地时间8时50分（格林尼治标准时间9时50分），"凯撒"炮塔的弹药库发生殉爆，在撕裂舰艉的同时，将这座重达700t的炮塔腾空掀起。没过一会儿，舰体的倾斜角明显加大，舷侧已经完全被海水淹没。韦伯不得不发出弃舰令。然而，这道命令对大多数舰员而言来得太晚了。舰体内部突然又发生了一系列小规模爆炸，随着倾斜角的加大，上层建筑也逐渐没入水中。最终，"提尔皮茨"号放弃"挣扎"，翻了个底朝天。

可悲的是，这时还有上千名舰员困在舱室里。水密舱已经破损，逃生通道又被堵塞，而且所有照明设备都报废了。那些年轻的舰员们，大多只能在黑暗中惶恐地死去。而一些阅历稍深的舰员，靠着顽强的毅力，坚守着一丝希望。最终，全舰困死于舱室中或阵亡在战斗岗位上的有将近1000人，只有84人获救。而此时英军机组的小伙子们大可以欢呼雀跃，因为他们都安全返航了。

"问答集"行动，特罗姆瑟，1944年11月12日

1944年9月15日，在"破雷卫"行动中受损后，"提尔皮茨"号战列舰已经无力远航，更遑论参加作战行动，她因此被"降级"为海上浮动炮台，最终锚泊在特罗姆瑟的哈考伊岛附近。10月29日，英国皇家空军第9中队和第617中队的"兰开斯特"轰炸机群从苏格兰东北部起飞，空袭了"提尔皮茨"号。这次代号"消除"的行动因低空云层影响而功亏一篑。两周后，即11月12日，英军再次出击。执行空袭任务的仍然是第9中队和第617中队，行动代号"问答集"。轰炸机群包括30架"兰开斯特"轰炸机，第617中队指挥官泰特中校是行动总指挥。

此时的挪威北部空域飞行条件堪称完美，英军机组在20mile外就发现了"提尔皮茨"号。轰炸机群从东南方接近目标，并保持不同飞行高度的松散四机或六机编队，以分散德军的高射炮火。泰特中校率第617中队机群首先向"提尔皮茨"号发难，第9中队机群紧随其后。29架挂载12000lb"高脚柜"炸弹的"兰开斯特"轰炸机接续扑向目标，另有1架"兰开斯特"轰炸机负责拍摄行动过程。

空袭于当地时间上午8时41分开始，第一枚"高脚柜"炸弹在空中下落30秒后正中"提尔皮茨"号。浓烟和烈火几乎在一瞬间笼罩了这艘"巨兽"。后续炸弹要么直接击中"提尔皮茨"号舰体，要么在距她不远的水中爆炸，对她的水下结构造成了严重破坏。整个行动只持续了8分钟，空袭结束时，"提尔皮茨"号已经奄奄一息，不断向左舷倾斜。轰炸机群准备撤离作战空域时，"提尔皮茨"号内部发生了第一次大爆炸，接踵而至的一系列爆炸严重破坏了舰体结构。逗留在锚泊地上空的英军摄影机机组成员见证了"提尔皮茨"号从缓慢倾斜到完全倾覆的全过程。最终，水面上就只剩下"提尔皮茨"号暗红色的舰底了。下页的彩绘图展现了第617中队的"兰开斯特"轰炸机投弹后飞越哈考伊岛的情景，跟在他们后面的第9中队的"兰开斯特"轰炸机正向目标投下"高脚柜"炸弹。一枚炸弹落在了哈考伊岛的岸边，剧烈爆炸后留下的深坑至今仍清晰可见。

▲ 1944年9月17日，英国皇家空军第617中队指挥官J.B·泰特中校（左起第五人）与他的机组成员在编号KC-D的"兰开斯特"轰炸机前留影。这幅照片摄于第617中队位于林肯郡伍德霍尔斯帕（Woodhall Spa）的基地，该中队当天刚参加完"破雷卫"行动从苏联返回英国

尾声与分析

初抵挪威时，"提尔皮茨"号战列舰肩负的使命是拦截盟军的北极护航船队。七周后，她第一次，也是倒数第二次主动出击。希特勒不允许海军再"葬送"一艘他心爱的主力舰，这无疑极大限制了"提尔皮茨"号的行动自由。当德军轰炸机和潜艇都在北极航线上拼命搏杀时，"提尔皮茨"号却孤零零地锚泊在峡湾内无所事事。万般无奈的雷德尔元帅只能让"提尔皮茨"号扮演所谓"存在舰队"的核心角色，在一定程度上牵制英军的海上兵力。这尽管是项消极防御任务，但至少不用冒多大风险。接下来的两年里，"提尔皮茨"号一直"尽职尽责"地坚守在峡湾里。这期间她曾计划拦截盟军的PQ-17护航船队，但刚刚出航行动就取消了。

1943年9月，两艘英军X型袖珍潜艇重创了"提尔皮茨"号，尽管后续的维修工作耗时数月之久，但仍然无法使她完全恢复，尤其是动力系统的损坏，让她几乎丧失了作为"存在舰队"一员的价值。返回德国本土进一步维修的计划更是痴人说梦，因为孱弱的动力必然使她陷入盟军的海空围剿，断无全身而退的可能，留在挪威已经是最好的选择。"钨"行动后，"提尔皮茨"号的状况愈发虚弱。有人认为1944年开春后，英军实际上已经不再将"提尔皮茨"号视为实质性威胁——本土舰队不断将军舰调往远东似乎证明了这一点。

尽管如此，由于"这艘战舰只要存在就是威胁"的想法已经深植于决策层的头脑中，英军别无选择，只能彻底摧毁"提尔皮茨"号。从解密的档案中可以看出，对消灭"提尔皮茨"号最为执着的是英国战时内阁，特别是丘吉尔。战争推进到这一阶段，盟军获胜已经是毫无悬念的结果。北极航线上，随着德军轰炸机和潜艇战损量的不断攀升，盟军商船的损失正大幅降低。到1944年夏天，"提尔皮茨"号的存在与否其实在很大程度上已经与战局无关了，余下的恐怕只有丘吉尔与她的"私人恩怨"。

1944年秋天，英国皇家空军轰炸机部队通过三次精心策划的空袭行动完成

◀ "提尔皮茨"号战列舰在哈考伊岛附近倾覆后,两名德军士兵正在端详她的左侧推进轴支架。他们前方的舰体底部外壳上有一个洞,那是为营救困在舱室里的舰员所开,类似的洞还有很多

了猎杀"提尔皮茨"号的任务。在"破雷卫"行动中,英军机群的轰炸重创了"提尔皮茨"号,使她只能依靠拖船航行。此时的"提尔皮茨"号已经完全丧失了作战能力,德军不得不将她"降格"为浮动炮台,去保卫一个盟军永远不可能登陆的港口。接下来的"消除"行动和"问答集"行动,实际上已经不存在任何战略或战术价值,唯一现实的目的就是宣扬英国空军的实力,为即将到来的胜利烘托气氛——派出专业摄制组乘轰炸机随队拍摄就是最佳证明。1944年11月12日,当"提尔皮茨"号走向生命终点时,也宣告了德军"存在舰队"的彻底覆灭。"提尔皮茨"号的殒灭并不能对大战进程产生任何影响,但至少对英国民众而言算得上一个好消息,也为一系列旷日持久且疲惫不堪的空袭行动画上了圆满的句号。

- "破雷卫" 行动
- "问答集" 行动
- 近失弹（"高脚柜"炸弹）

对页图：击中"提尔皮茨"号战列舰的"高脚柜"炸弹

有人认为"提尔皮茨"号战列舰在1944年9月15日的"破雷卫"行动后实际上已经丧失了作战能力。当时,一枚12000lb"高脚柜"炸弹击中了她的前舰楼,穿过数层甲板,从其左舷水下部分穿出后爆炸,导致其水下结构严重受损且大量进水,进而使舰艇与水面间距下降了15ft之多。鉴于"提尔皮茨"号的旧伤尚未痊愈便遭遇如此程度的打击,德国海军在报文中直截了当地称她已经"不再具备作战能力"。

在10月29日开展的"消除"行动中,只有一枚"高脚柜"炸弹以近失弹的方式对"提尔皮茨"号造成了破坏。这枚炸弹落在其舰艉附近区域(图中未绘出弹着点),爆炸形成的冲击波导致其左侧推进轴损坏。

在"问答集"行动中,"提尔皮茨"号被3枚"高脚柜"炸弹(其中1枚存疑)直接击中。第一枚炸弹落在舰载机弹射器甲板上,第二枚炸弹的落点稍靠后,接近"凯撒"炮塔。这两枚炸弹都穿透了水平装甲带并在舰体内部爆炸。有证据显示,第三枚炸弹的落点可能位于"安东"炮塔的左后部,不过它并没有爆炸。三枚炸弹中,第二枚造成的后果最严重。它爆炸后引发了火灾,进而点燃了"凯撒"炮塔下方的弹药库,后者殉爆时产生的强大冲击波甚至将炮塔掀了起来。"提尔皮茨"号漏水后逐渐向左舷倾斜,最终完全倾覆。

落在"提尔皮茨"号左舷不远处的近失弹也对她的舰体结构造成了严重破坏,同时在海床上炸出了一个大坑。"高脚柜"这类所谓"地震炸弹"的设计目的之一就是通过地下爆炸激发地震波,提高衍生破坏力。倾覆后的"提尔皮茨"号之所以能保持"倒立"姿态,就缘于海床上巨大的弹坑刚好能容纳她的上层建筑。

如果只探讨空袭本身的话,那么由英国皇家海军航空兵和皇家空军发起的一系列行动的确为我们提供了难能可贵的经验。对皇家海军而言,1942年3月用"大青花鱼"鱼雷轰炸机对"提尔皮茨"号发起的空袭,与大战中的其他空袭行动别无二致。尽管付出了6人牺牲的代价,但英军机组意志坚定且英勇无畏,倘若运气再好些,他们完全有可能取得可观的战果。这次空袭暴露的问题在于,用飞行速度较慢的老式鱼雷轰炸机攻击现代化大型战舰是风险极高的选择。皇家海军航空兵在战争的大部分时间里都受到舰载机性能的制约,而"大青花鱼"不过是众多"烂选项"中的一个"堪用选项"罢了。

到1944年春,情况有所好转,皇家海军航空兵终于拥有了一些拿得出手的舰载机,例如"梭鱼"鱼雷轰炸机。这型鱼雷轰炸机随即成为皇家海军的空袭主力。不过它还是太慢了,面对时刻警觉的德国人很难完成任务。在历次空袭中充当"配角"的美制战斗机的表现反而更耀眼。事实上,美制战斗机在"钨"行动中对"提尔皮茨"号的扫射和轰炸,是英国皇家海军航空兵在一系列夏季空袭行动中的唯一亮点。英军面临的另一个难题是缺乏具有执行大规模空袭任务经验的机组成员,因为这样的人都被调到了更重要的战场。例如在"古德伍德"系列行动开始时,大多数有任务经验的机组成员都随"胜利"号航空母舰调到了远东战场。

倘若英国皇家海军有充足的时间对参加空袭任务的机组成员进行更多训练的话,经验不足的问题是完全能解决的。对"提尔皮茨"号的空袭绝不像在苏格兰训练区的潟湖上空飞几圈那么简单。缺乏训练的直接后果是,英军机组成员看到德军在卡亚峡湾释放的烟幕后立刻变得踌躇不定。而"梭鱼"鱼雷轰炸机的飞行速度本来就很慢,这导致他们根本不可能在烟幕完全遮住"提尔皮茨"号前发起攻击,投弹精度自然会大打折扣。实际上,行动策划者们完全清楚德军释放烟幕可能引发的问题,但他们并没有认真思索应对之道,而是用一些既有的经验去"蒙混过关",例如让快速飞行的战斗机在目标上空投放照明弹,为

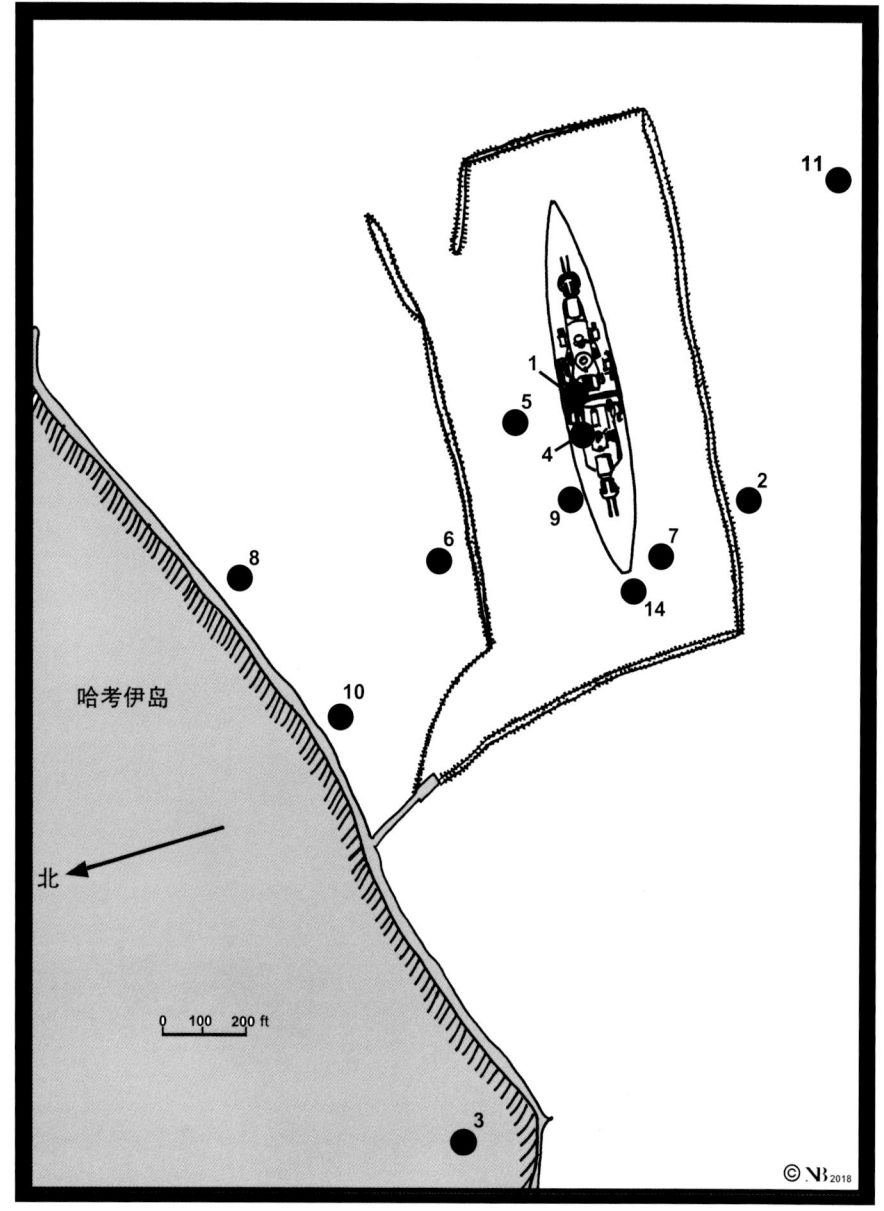

► 这幅图基于"问答集"行动后英国皇家空军轰炸机部队得到的战报绘制，图中展现了"高脚柜"炸弹的落点。很多近失弹的落点都按投放顺序——标明，此外还标出了防鱼雷网的位置

后续的轰炸机群"照亮"目标。值得庆幸的是，尽管这些办法很"笨拙"，但他们还是靠着顽强的毅力取得了一些成绩。

站在英国皇家空军轰炸机部队的角度，1942年春季的空袭"提尔皮茨"号行动可谓代价高昂。无论任务简报多么详尽，轰炸机组成员们面对法滕峡湾上空的种种问题都显得应对乏术。部署在"提尔皮茨"号四周的烟幕释放装置无疑证明了自己的价值，只要及时工作，它们几乎每次都能成功打乱英军的空袭计划。对英军的投弹手们而言，坐在高速飞过重重烟幕的轰炸机里靠"估计"投弹显然不太容易。此外，德军高射炮的火力密度也超出了大多数英军机组成员的预料，他们的战损率就是佐证：12%的任务机组成员要么丧生，要么被俘。当然，这样的结果至少能给第5轰炸机大队的高层们敲响警钟，让他们在筹划下一次行动时慎之又慎。

真正困扰英国人的还是没有合适的炸弹。皇家海军航空兵使用的1600lb穿甲炸弹和皇家空军轰炸机部队使用的2000lb"饼干"炸弹都具备足够的破坏力（尤其是前者），但始终没能解决的制造工艺问题使它们的实战效能大打折扣。如果这些炸弹能更可靠些，如果"梭鱼"鱼雷轰炸机能投得更准些，那么英军完全有可能提前至少6个月干掉"提尔皮茨"号。直到1944年夏天，皇家空军才终于拥有了不需要精湛技术和上天保佑就足以摧毁"提尔皮茨"号的炸弹——"高脚柜"。

某种意义上说，"消除"行动和"问答集"行动更像一种"苍白无力"的炫耀。彼时的"提尔皮茨"号已经不可能再威胁北极航线，任何针对她的空袭行动都显得多此一举。随着苏军和盟军从东西两个方向挺进德国本土，战争的结局变得毫无悬念。当然，这并不能否定行动圆满成功的意义，因为"提尔皮茨"号的殒灭也标志着一个时代的终结：战列舰成为明日黄花，来自航空母舰的各式舰载机统治了海洋。自1916年以来，战列舰一直被奉为无可替代的海战主力，但针对"提尔皮茨"号的一系列空袭行动无疑表明，航空兵也许才是决定海战胜负的关键。"提尔皮茨"号那残破的舰体只能在挪威峡湾的海水中静静地被锈迹侵蚀，如墓碑般祭奠着尘封在记忆中的战列舰时代。

◀ 第二次世界大战结束后，一家挪威废品回收公司买下了"提尔皮茨"号战列舰，并尽可能多地回收了舰体材料。工人们在拆解内部结构时总能遇到阵亡舰员的尸体，最终共发现近1000具尸体

扩展阅读书目

Bekker, Cajus, *Hitler's Naval War*, London (1974)
Bishop, Patrick, *Target Tirpitz: The Epic Quest to Destroy Hitler's Mightiest Warship*, London (2012)
Campbell, John, *Naval Weapons of World War Two*, London (1985)
Chesneau, Roger, *Aircraft Carriers of the World, 1914 to the Present: An Illustrated Encyclopaedia*, London (1992)
Cooper, Alan W., *Beyond the Dams to the Tirpitz: The Later Operations of 617 Squadron*, London (1983)
Drucker, Graham Roy, *Wings over the Waves: Fleet Air Arm Strike Leader against Tirpitz*, Barnsley (2010)

▼ 在"提尔皮茨"号战列舰舰底的切割口处，一名年轻的德军水兵正向外张望。"提尔皮茨"号倾覆后，德军救援人员在舰底切割了多个这样的开口

Forsgren, Jan, *Sinking the Beast: The RAF 1944 Lancaster Raids against Tirpitz*, London (2014)
Gardiner, Robert (ed.), *Conway's All the World's Fighting Ships, 1922–1946*, London (1980)
Grove, Eric, *Sea Battles in Close-Up: World War 2*, Vol. 2, Shepperton (1993)
Iveson, Tony and Milton, Brian, *The Lancaster and the Tirpitz*, London (2014)
Kennedy, Ludovic, *Menace: the Life and Death of the Tirpitz*, London (1979)
Llewellyn-Jones, Malcolm (ed.), *The Royal Navy and the Arctic Convoys: A Naval Staff History*, Abingdon (2007)
Mallmann Showell, Jak P., *Hitler's Navy: A Reference Guide to the Kriegsmarine, 1935–1945*, Barnsley (2009)
Peillard, Léonce, *Sink the Tirpitz!*, London (1983)
Roskill, S.P., *The War at Sea, 1939–45*, vols II and III, London (1954)
Smith, Nigel, *Tirpitz: The Halifax Raids*, Walton-on-Thames (2003)
Sweetman, John, *Tirpitz: Hunting the Beast: Air Attacks on the German Battleship, 1940–44*, Stroud (2000)
Walling, Michael G., *Forgotten Sacrifice: The Arctic Convoys of World War II*, Oxford (2012)
Whitley, M.J., *Battleships of World War Two: An International Encyclopaedia*, London (1998)
Woodward, David, *The Tirpitz*, London (1953)
Zetterling, Niklas and Tamelander, Michael, *Tirpitz: The Life and Death of Germany's Last Super Battleship*, Newbury (2009)

关于本书所涉计时系统的说明

第二次世界大战期间，英国在冬季使用的是"格林尼治标准时间"（Greenwich Mean Time，GMT），而在夏季使用的是"英国双重夏令时"（Double British Summer Time，DBST）。后者只在1941—1945年间短暂取代了"英国夏令时"（British Summer Time，BST）。冬季，英军使用的所谓"格林尼治标准时间"，实际比"格林尼治标准时间"快1小时（GMT+1），与"英国夏令时"相同，可称为"战时格林尼治标准时间"，以示区别。"英国双重夏令时"比"格林尼治标准时间"快2小时（GMT+2）。英军在战争期间调整计时系统的目的是协调欧洲大陆的作战时间。不过在这套计时系统中，"英国双重夏令时"并非常设计时方式，英国政府只在有"战略需求"时才使用它。本书中采用"英国双重夏令时"的时间段为：1942年4月5日—8月9日，1943年5月4日—8月15日，1944年8月8日—9月17日。为方便阅读，本书在绝大多数情况下采用了英国战时标准计时系统。其中，使用"英国双重夏令时"的情况会特别标明，未作特别标明的情况默认为"战时格林尼治标准时间"（GMT+1）。一些特殊情况采用了"德国当地时间"或"挪威当地时间"，均会特别标明，并备注有对应的"战时格林尼治标准时间"。

容易引起困惑的情况是1944年春夏两季英国皇家海军航空兵对"提尔皮茨"号战列舰发起的数次空袭行动。为使皇家海军航空兵的作战时间与"挪威当地时间"协调，英军在这些空袭行动期间都采用了"英国双重夏令时"。但在一些相关的德军资料中，为与东欧地区的时间相协调，用"德国当地时间"替代了"英国双重夏令时"（这两套计时系统显示的时间其实是一致的，译者注）。本书中，描述这些空袭行动时均使用"英国双重夏令时"。